# 中國植物園
# The Chinese Botanical Gardens

黄宏文　主编
Edited by Huang Hongwen

中国林业出版社

图书在版编目（CIP）数据

中国植物园 / 黄宏文主编 . -- 北京 : 中国林业出版社 , 2018.6
ISBN 978-7-5038-9597-5

Ⅰ . ①中… Ⅱ . ①黄… Ⅲ . ①植物园 – 中国 – 介绍 Ⅳ . ① Q94-339

中国版本图书馆 CIP 数据核字 (2018) 第 123507 号

中国植物园　　黄宏文　主编

出版发行：中国林业出版社
地　　址：北京西城区德胜门内大街刘海胡同 7 号

策划编辑：王　斌
责任编辑：刘开运　张　健　吴文静　　装帧设计：百彤文化传播公司

印　　刷：广州市人杰彩印厂
开　　本：965 mm × 1270mm 1/16
印　　张：23
字　　数：600 千字
版　　次：2018 年 9 月第 1 版 第 1 次印刷
定　　价：328.00 元（USD 65.99）

# 《中国植物园》编著者

**主编**：黄宏文

**分章编著者**：

**第一章 中国植物园概要**：廖景平、黄宏文、张征、赵彤

**第二章 中国植物园简介（括号内为调查区域）**

**问卷调查**：赵彤、谢思明、湛青青、黄瑞兰、宁祖林、张征、廖景平

**现场访谈**：崔长杰（宁夏、甘肃）、甘阳英（陕西）、匡延凤（湖南、江苏）、李冰新（浙江、陕西）、刘焕芳（贵州）、秦素青（浙江、陕西）、邵云云（宁夏、甘肃）、王丹丹（辽宁、吉林、黑龙江、内蒙古、河南）、徐凤霞（贵州）、徐凯（陕西、新疆）、阳桂芳（山东、河北）、余倩霞（贵州）、岳琳（山东、河北）、赵彤（辽宁、吉林、黑龙江、内蒙古、河南）、邹璞（湖南、江苏）

**植物园简介与信息初编**：陈银洁（吉林、江苏、江西、辽宁）、柯萧霞（四川、台湾）、余锦耘（江西、江苏、内蒙古、宁夏、青海、山东、山西、陕西、上海）、张静峰（安徽、澳门、北京、福建、甘肃、广东、广西）、张奕奇（江西、江苏、香港、新疆、云南、浙江、重庆）、曾小平（贵州、海南、河北、黑龙江、湖北、湖南）

**植物园简介信息补充核准和编撰**：陈新兰（安徽、北京、甘肃）、柯萧霞（湖南、湖北）、李碧秋（山东）、李素文（香港、澳门、台湾）、李文艳（贵州、四川、重庆）、林灿佳（海南）、刘华（浙江、新疆）、宋政平（广东）、韦强（广西）、谢就媚（天津、河北、河南）、谢思明（黑龙江、吉林、辽宁）、余锦耘（江西、江苏）、湛青青（云南、上海）、张静峰（福建）、张奕奇（江西、江苏）、张征（黑龙江、吉林、辽宁）、曾小平（内蒙古、宁夏、青海）

**植物园简介编撰统稿**：张奕奇、宁祖林、廖景平

**第三章 中国植物园的现状与发展展望**：黄宏文、廖景平、张征、赵彤

**封面设计**：张雅慧

# 前言

全世界现有植物园和树木园2 000多个，收集保存高等植物约10万种，其中濒危植物约1.5万种，每年接待游客约2亿人次，促进了植物科学知识的进步和公众服务的提升。我国植物园建设和发展日新月异，但长期以来由于缺乏对全国植物园的基础现状摸底，致使公众对我国植物园的作用和功能，特别是植物迁地保护与植物资源可持续利用等基本情况不了解，植物园承担植物多样性迁地保护的国家策略更难以明晰。为此，在中国科学院重点部署项目“植物园国家标准体系建设”支持下，中国科学院华南植物园迁地栽培植物志研究团队从2014年开始，通过问卷调查、文献研究和实地走访，全面、系统地开展了全国植物园及其植物迁地保护与资源发掘利用现状调查，分析了我国植物园及其发展现状与存在问题，提出了相关建议。我们期望通过实施植物园国家标准体系建设与植物园分类评估、中国迁地栽培植物志编研等项目，增进全国植物园的联合发展，为进一步推进我国战略植物资源保护和发掘利用发挥积极的作用。

自1871年西方人在香港建立香港动植物公园以来，中国植物园已经历了130多年的发展历史。但1950年以前我国建立植物园和树木园以殖民者建园为主、中国人自主建园为辅。中国人建设植物园和树木园的主要目的是为了满足我国植物资源调查研究和教学的需求，是我国植物园建设史上的艰苦创业阶段。百余年来，大规模建设现代植物园分别出现于1950~1964年的恢复建设和探索发展阶段、1980~1994年的快速发展阶段和1995年以来的稳步发展阶段，植物园的主要功能从植物资源调查、引种驯化，发展到珍稀濒危植物保护和生物多样性保护。目前我国162个植物园和树木园覆盖了我国主要气候区，分布于我国热带潮湿地区、亚热带地区和温带地区。但是，青藏高原寒带和寒温带还属空白区。

新中国建立后，尤其是1980年以来，我国植物园在植物迁地保护能力建设和员工队伍建设方面取得了长足的进步，已发展成为国际植物园界的重要力量。目前我国植物园总面积已达102 007.2 $hm^2$，其中植物专类园区面积达5 400 $hm^2$，园区自然植被面积达76 171.7 $hm^2$。建成了一定规模的迁地保护实验设施，植物保育区 / 苗圃面积达1 014.9 $hm^2$、组培微繁设施面积已达36 745 $m^2$、种子库或种子标本库面积达11 962 $m^2$、树木标本园面积达30.4 $hm^2$。同时，我国植物园具备较大规模的员工队伍，植物园员工总数达11 227人，其中研究人员2 876人，园林园艺管理人员2 937人，科普教育人员1 161人，知名的植物专科、专属专家100多人，已成为国际植物园界与植物迁地保护领域的重要力量。

根据对我国主要植物园迁地保护植物的抽样调查，我国目前迁地保护植物有396科3 633属23 340种，其中本土植物288科2 911属22 104种，分别占我国本土高等植物科的91%、属的86%和种的60%，植物园的迁地保护构成了我国植物迁地保护的核心和中坚力量。同时，我国植物园保护了我国最新植物红皮书名录中约40%的珍稀濒危植物；建立了1 195个植物专类园区，活植物优先收集物种数在100种及以上的科有51科、物种数在50种及以上的属有33属，收集和迁地栽培活植物15 199种，对我国

本土植物多样性保护发挥了积极作用。中国科学院所属植物园由于建制性特征，长期从事专科、专属和一些专类植物的搜集、研究和发掘利用，具有历史长、积累丰富、区域代表性强和数据积累系统性强等特征，在植物引种登录数、迁地保护物种记录、中国和地方特有植物物种记录、珍稀濒危植物物种记录等方面发挥了引领作用。中国植物园联盟成员单位具有广泛的覆盖性和区域代表性；在全国植物园体系中，具有行业代表性、植物迁地保护信息完整，在迁地保护物种、专类园区数量、中国和地方特有植物数量、珍稀濒危物种数量位居前 50 的植物园，对我国植物迁地保护发挥了核心作用。

近几十年来，我国对国内外植物的引种、迁地栽培和保护形成了庞大的资源平台，对基础植物学研究，如植物分类学、形态解剖学、生殖发育及遗传育种等发挥了重要支撑。基于活植物收集的科学研究、资源评价利用也同步取得了长足的进展，培育了大量的植物新品种，对资源的发掘利用发挥了极其重要的作用。此外，我国植物园已成为优质的旅游景区和重要的旅游目的地，已建成较为系统的科普旅游服务设施，设立了大中小学和公众教育课程体系，开展了富有植物园特色的科普活动，2012~2014 年接待参观游客人数达 155 582 304 人次，其中青少年人数为 29 574 832 人次，取得了较好的社会效益。

但是，由于我国现代意义上的植物园历史短，所以在植物园建设和管理上还存在一些问题。例如，缺乏国家层面的整体规划部署和植物园建设管理规范，植物园管理存在泛公园化现象，活植物收集和迁地保育管理明显不足，活植物登录管理和信息记录未得到充分重视，基于活植物收集的科学研究不足，植物资源应用有待加强，急需构建和实施与国际接轨的活植物收集策略、迁地保育管理规范和科普教育课程体系。

在中国植物园调查及本书编撰过程中涉及大量的资料查寻、梳理和归纳，各植物园的许多同行参与了资料收集和梳理以及植物园调查工作，部分已在文中注明，但不少贡献者可能依然挂一漏万，在此致歉。本书承蒙植物园国家标准体系建设与评估（KFJ-1 W-NO1 和 KFJ-3 W-No1-2）、植物园迁地栽培植物志编撰（No.2015 FY210100）、中国科学院植物资源保护与可持续利用重点实验室、广东省数字植物园重点实验室和广东省应用植物学重点实验室的大力支持，在此一并致谢。

本书可供农林业、园林园艺、环境保护、医药卫生等相关学科的科研和教学人员及政府决策与管理部门的相关人员参考。

2018 年 1 月 1 日

# 目　录

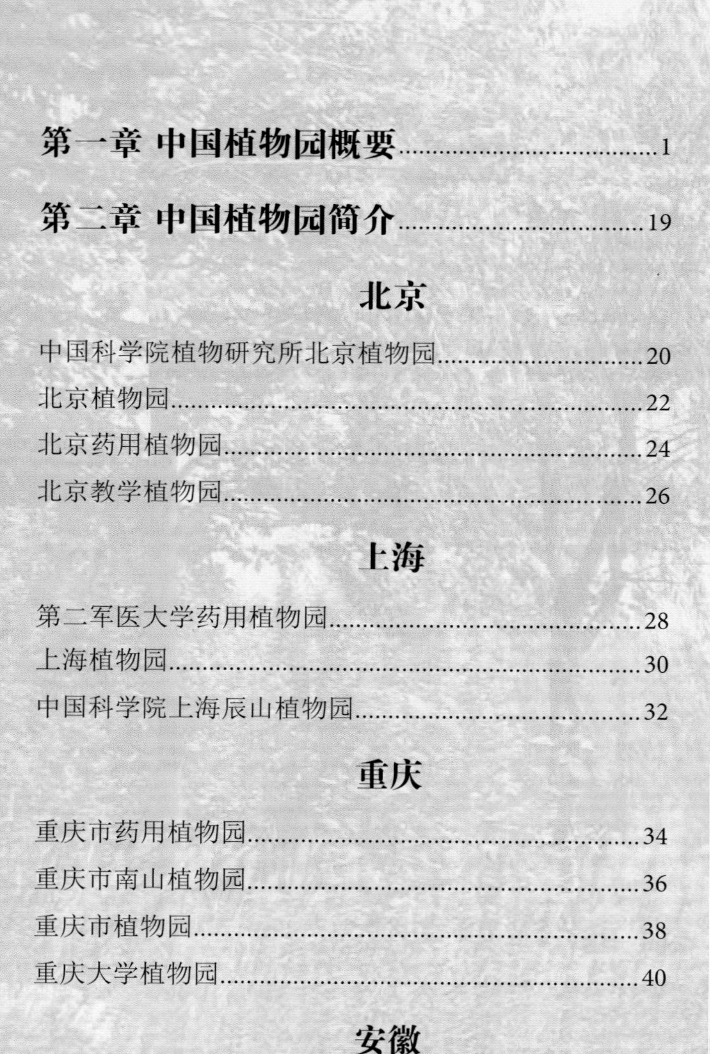

## 河北



## 河南



## 黑龙江



## 湖北



## 湖南



## 吉林



## 江苏



## 江西



## 辽宁



## 内蒙古



## 宁夏



## 青海



## 山东

## 山西



## 陕西



## 四川



## 新疆



## 云南



## 浙江



## 香港



## 澳门



## 台湾

# 第一章　中国植物园概要

# Chapter 1　Outling the Chinese Botanical

我国是世界上植物多样性最丰富的国家之一，有高等维管植物约 33 000 种，仅次于巴西，位居全球第二（黄宏文和张征，2012）。我国现有记载的蕨类植物 2 322 种、裸子植物 250 种、被子植物 30 503 种，分别占世界总数的 18%、26% 和 10%（Huang, 2011）。中国素有“园林之母”之称（威尔逊，2014），具有悠久的园林园艺文明史。我国植物园的引种栽培与我国现代植物学研究几乎同步，早在 20 世纪初随着我国早期现代植物园的建立即开始引种搜集，活植物收集传承了我国现代植物园百余年来科学研究的轨迹和成就，也构成了我国植物园科学研究的基础和支撑平台（许再富等，2008；黄宏文和张征，2012）。

### 1.1 发展、分布与隶属关系

### Development, distribution and administrative subordination

根据 2014~2017 年的调查，我国目前有植物园和树木园约 162 个，出现过三次建园高峰期（图 1）。1950 年以前建立的植物园现存有 12 个，占我国现有植物园和树木园总数的 7.4%，其中外来殖民者建设的植物园占 2/3，如香港动植物公园（1871）、台北植物园（1895）、恒春热带植物园（1906）、嘉义植物园（1908）、熊岳树木园（1915）等，具有明显的殖民地时期烙印（心岱，2004；黄宏文和张征，2012）。同时，此期间也是我国现代植物园历史上中国人自主建园的艰苦创业阶段。例如陈嵘创办江苏甲种农业学校树木园（1915），钟观光创建笕桥植物园（1928，现浙江大学植物园；单敖根等，2008），胡先骕、陈封怀、秦仁昌创办庐山植物园（1934）等，主要以教学、植物资源调查和植物收集为主要目的。

1950~1964 年间建立植物园 47 个，是我国植物园建设的第一次高峰期，也是我国已建立的现代植物园的恢复重建和探索发展阶段。例如，庐山植物园的恢复提高（金鸿志，1964；汪国权，1986；杨涤清，1994）、南京中山植物园的恢复重建（汪国权，1986,1991；汪国权和胡宗刚，1993）。此期间，我国植物园建设以中国科学院建设现代植物园为先导，如昆明植物园（1955）、沈阳应用生态研究所树木园（1955）、华南植物园（1956）、北京植物园（1956）、鼎湖山树木园（1956）、武汉植物园（1956）、桂林植物园（1958）、西双版纳热带植物园（1959）等，以开展植物资源调查、引种驯化及其研究和资源应用为主要任务，成为中国现代植物园的核心和植物园建设的引领者。与此同时，教育部门，如沈阳药科大学药用植物园（1955）、山东农业大学树木园（1956）、北京教学植物园（1957）、南京药用植物园（1958）、山东中医药高等专科学校植物园（1958）等；林业部门，如广西林科院树木园（1956）、内蒙古林科院树木园（1956）、黑龙江省森林植物园（1958）、安徽省林业科学研究院黄山树木园（1958）、云南省林业科学院昆明树木园（1959）、贵州省林业科学研究院树木园（1963）、南宁树木园（1963）等；园林部门，如北京植物园（1956）、东湖磨山园林植物园（1956）、杭州植物园（1956）、沈阳市植物园（1959）、厦门市园林植物园（1960）等；医药部门，如北京药用植物园（1955）、西双版纳药用植物园（1959）、兴隆热带药用植物园（1960）、广西药用植物园（1959）等；农业部门，如海南热带植物园（1958）；科技部门，如西安植物园（1959）等现代植物园相继建立。我国开始探索不同行业、不同系统的植物园建设及其发展定位工作并对各行业的发展发挥支撑作用。这期间建立的植物园注重了植物调查、引种驯化及其相关基础植物学研究，对我国现代植物园建设、植物资源调查以致现代植物科学的学科建设发挥了积极的作用。

1965~1979 年间建立了植物园 16 个，此间我国植物园从相对停滞的阶段（1966~1976）逐步过渡到恢复建设阶段，期间不少植物园遭受较大影响，运行停滞、园地荒芜，1976 年后逐步恢复植物园及其管理工作。

1980~1994 年间建立植物园 36 个，由此我国植物园建设进入快速发展阶段，出现第二次建园高峰期。各行业各系统不断建设新的植物园，丰富植物种类，优化植物园的结构，发挥植物园的综合功能和对不同行业发展的支撑作用。为满足公众开放需求，许多植物园不断提升园林景观，本土植物和珍稀濒危植物保护引入植物园的主要工作，公众教育和科普旅游得到强化。

1995 年以来，我国植物园出现第三次建设高峰期，1995~2015 年间建立植物园 51 个。目前我国植物园建设

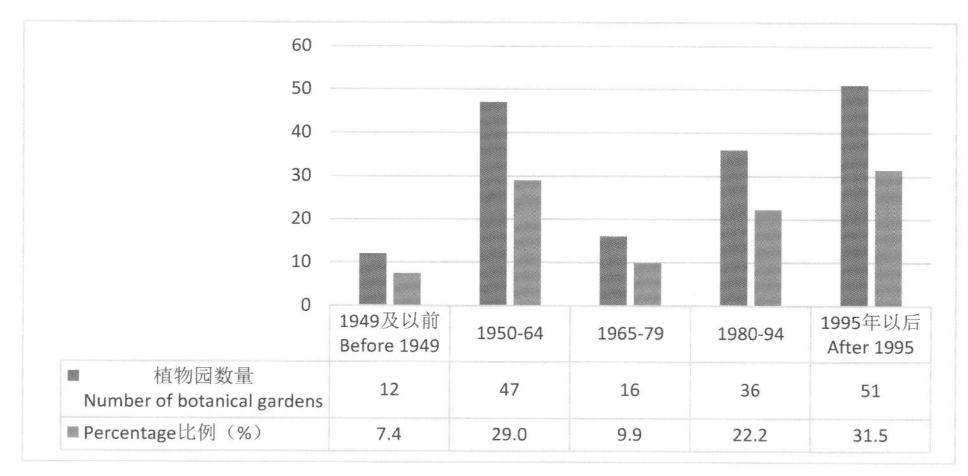


| | 1949及以前 Before 1949 | 1950-64 | 1965-79 | 1980-94 | 1995年以后 After 1995 |
|---|---|---|---|---|---|
| 植物园数量 Number of botanical gardens | 12 | 47 | 16 | 36 | 51 |
| Percentage比例（%） | 7.4 | 29.0 | 9.9 | 22.2 | 31.5 |

图 1　我国植物园发展历程

Fig. 1　The development of Chinese botanical gardens and arboreta

已进入稳步发展阶段，以植物收集、科学研究、迁地保护、公众教育和植物资源可持续利用为主要目的，总体发展与国际现代植物园同步但又独具特色，特别是植物资源的发掘和利用方面特征明显。显然，植物多样性保护与可持续利用成为植物园的重要工作，我国植物园的格局步入了多种模式植物园并存的科学植物园阶段。

按自然地理区分布统计，我国植物园的地理分布已覆盖了我国主要气候区，分布于热带潮湿地区（32个）、亚热带地区（68个）、温带地区（62个），但青藏高原寒带还没有建立植物园。未来应加强高原寒带、寒温带和极端环境地区的植物园建设。

中国植物园和树木园按照行政隶属关系运营管理，主要管理单位有中国科学院、教育部门、住房与城乡建设部门、林业部门、园林部门、农业部门、医药部门、科技部门以及香港、澳门、台湾（以下简称“港澳台”）等（图2）。其中，中国科学院有植物园和树木园15个，占我国现有植物园总数的9.3%；教育部门有15个，占9.3%；住房与城乡建设部门有8个，占4.9%；林业部门有44个，占27.2%；园林部门有34个，占21%；农业部门有6个，占3.7%；医药部门有4个，占2.5%；科技部门8个，占4.9%；港澳台有17个，占10.5%；企业及其他11个，占6.8%。现阶段企业建立和管理的植物园呈增长趋势。不同隶属关系的植物园在植物园功能和生物多样性保护、科学研究、园艺展示和公众教育中的作用和重点有所不同。

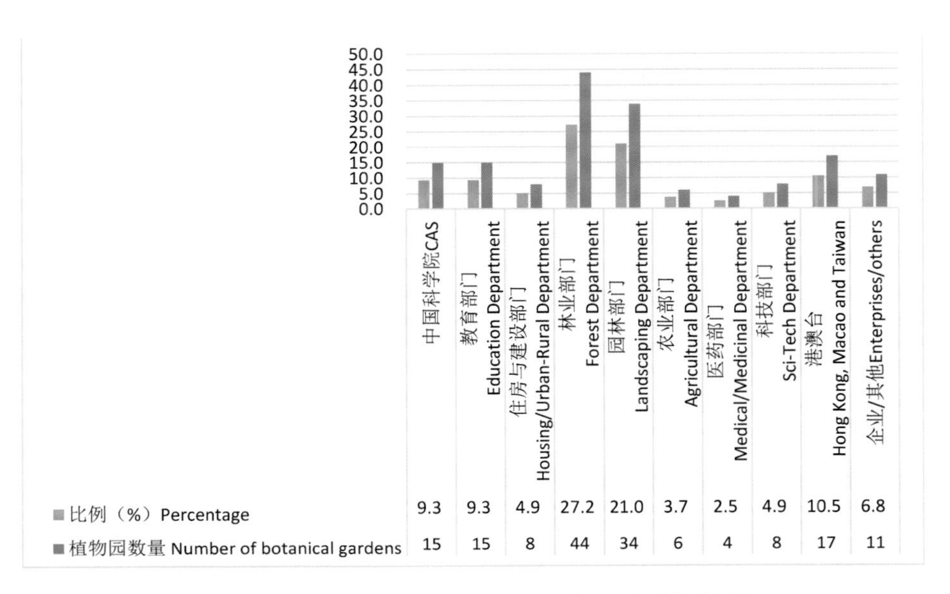


图2　中国植物园和树木园的隶属关系与数量

Fig. 2　Numbers and administrative subordination of the Chinese botanical gardens and arboreta

### 1.2 栽培保育条件与员工队伍 Cultivation facilities and staff

我国植物园在植物迁地保护能力和员工队伍建设方面取得了长足的进步，已发展成为国际植物园界的重要力量。目前我国植物园总面积已达102 007.2 hm$^2$，其中植物专类园区面积达5 400 hm$^2$，植物保育区（苗圃）面积达1 014.9 hm$^2$，园区自然植被面积达76 171.7 hm$^2$（表1）。我国已建成一定规模迁地保护实验设施，其中49个植物园有组培微繁设施，面积已达36 745 m$^2$；26个植物园有种子库或种子标本库，面积达11 962 m$^2$；54个植物园有树木标本园，面积达30.4 hm$^2$。此外，我国45个植物园有植物标本馆，面积达51 783 m$^2$，馆藏标本104 846万号。

我国植物园和树木园已建立了较大规模的员工队伍，植物园员工总数达11 227人，其中研究队伍2 876人，占植物园总人数的25.6%；园林园艺管理队伍2 937人，占26.2%；科普教育队伍1 161人，占10.3%（图3）。

我国植物园有知名的植物专科、专属专家103人，国际知名的植物园专家8人，在国家级植物学会、植物园学会（协会）担任委员及以上人员50人次，在省级植物学会（协会）担任副主任级及以上职务专家38人次，已在国际植物园界与植物迁地保护领域形成一定的影响力。

### 1.3 活植物收集与迁地保育及其主要特征 Living collections and ex situ conservation

对我国植物园和树木园活植物登录（accessions）、迁地栽培物种（cultivated species）、栽培保育分类群(cultivated taxa)、珍稀濒危植物(rare and endangered plants)、药用植物物种(medicinal plants)、中国和地方特有植物(national and local endemic plants)、专类园区(specialized gardens of living collections)、乔木植株(trees)和未鉴定登录物种(unidentified accessions)的调查结果表明：我国植物园和树木园的活植物收集和迁地栽培植物登录数达387 749号，其中以中国科学院植物园登录的活植物最多，达303 450号，占已登录活植物总数的78.26%；其次依次为园林部门、林业部门、港澳台和医药部门植物园，分别为39 276号（占10.13%）、20 305号(占5.24%)、11 296号(占2.91%)和9 272号(占2.39%)；农业部门和其他科技部门的植物园已登录植物较少，分别为1 800和2 350号，占0.46%和0.61%；教育部门、住建部门以及企业或其他植物园没有登录管理（表2）。可见，我国植物园应加强活植物收集的登录管理。

我国植物园和树木园迁地栽培植物的物种和分类群

表 1　我国植物园及其专类园区、引种保育区 / 苗圃面积和自然植被面积
Table 1　Acrege of botanical gardens, specific living collection gardens, conservation/nurseries and natural vegetations

| | 植物园总面积 ($hm^2$) Total areas of botanical gardens($hm^2$) | 植物专类园区面积 ($hm^2$) Areas of gardens for specific collections($hm^2$) | 保育区 / 苗圃面积 ($hm^2$) Areas of conservation/ nursery ($hm^2$) | 园内自然植被面积 ($hm^2$) Area of natural vegetation ($hm^2$) |
|---|---|---|---|---|
| 中国科学院 CAS | 68 319.7 | 730.0 | 125.6 | 59 488.2 |
| 教育部门 Education Department | 3 600.4 | 3.7 | 3.4 | 13.3 |
| 住房与建设部门 Housing/Urban-Rural Department | 3 472.3 | 184.6 | 31.4 | 116.9 |
| 林业部门 Forest Department | 15 343.4 | 1 527.4 | 216.9 | 13 269.9 |
| 园林部门 Landscaping Department | 4 691.0 | 887.7 | 139.8 | 793.8 |
| 农业部门 Agricultural Department | 1 866.5 | 1 048.7 | 392.0 | 375.9 |
| 医药部门 Medical/Medicinal Department | 253.4 | 68.7 | 2.9 | 44.0 |
| 科技部门 Sci-Tech Department | 1 063.2 | 91.3 | 28.3 | 703.0 |
| 港澳台 Hong Kong, Macao and Taiwan | 1 864.6 | 53.2 | 34.2 | 420.0 |
| 企业及其他 Enterprises/others | 1 532.9 | 804.8 | 40.3 | 946.7 |
| 总面积 Total Area （$hm^2$） | 102 007.2 | 5 400.0 | 1 014.9 | 76 171.7 |

记录分别有 25 029 种和 316 316 个分类群，迁地栽培的中国特有和地方特有植物、珍稀濒危植物的记录分别为 33 634 种和 10 556 种。根据对我国 11 个主要植物园迁地保护植物的抽样调查，我国植物园目前迁地保护植物有 396 科、3 633 属、23 340 种，其中本土植物 288 科、2 911 属、22 104 种，分别占我国本土高等植物科的 91%、属的 86% 和种的 60%。按《Flora of China》植物名录校正并剔除重复的种和种下分类单元，我国植物园现有迁地栽培植物的物种数约为 20 000 种，基本涵盖了我国现有植物总数的约 60%（黄宏文和张征，2012）。从国外引进的植物则多为园林花卉、经济植物及重要的资源植物。我国植物园和树木园活植物收集和迁地栽培已构成了我国植物迁地保护的核心和中坚力量。以我国收集栽培规模大、数据积累基础较好的 12 个主要植物园迁地栽培的约 18 000 种植物为基础，共整理出迁地保育植物 15 812 种（含亚种 181 个、变种 932 个、变型 68 个），其中蕨类植物（按秦仁昌 1978 年系统）共 59 科 168 属 835 种（含亚种 1 个、变种 26 个和变型 5 个）；裸子植物（按郑万钧 1975 年系统）共 12 科 53 属 299 种（含变种 29 个、变型 1 个）；被子植物（按恩格勒 1964 年系统）241 科 2 960 属 14 678 种（含亚种 180 个、变种 877 个、变型 62 个）（黄宏文，2014）。根据初步分析统计，我国植物园和树木园优先引种收集和迁地栽培活植物种类大于 100 种的科有 51 科，迁地栽培物种数量约 50 种的属有 33 属（表 3），表明我国植物园和树木园的活植物较为集中收集和重点迁地栽培主要分布在这 51 科和 33 属，收集和迁地栽培活植物 15 199 种，对我国本土植物多样性保护发挥了积极作用。

我国植物园和树木园对珍稀濒危植物的引种保育始于 20 世纪 80 年代，与国际现代植物园同步（黄宏文和张征，2012）。早期主要关注列入我国植物红色名录的珍稀及濒危植物，1992 年公布的珍稀濒危植物 388 种，其中国家 I 级保护植物 8 种，II 级保护植物 159 种，III级保护植物 211 种（傅立国，1992），除少数物种因野外难觅踪迹或迁地栽培困难的物种外，绝大多数均在植物园得以栽培保护。近 30 年来，随着我国经济社会快速发展和人口增长对自然环境压力增大，植物濒危物种数量增加。根据最近的研究，我国目前濒危及受威胁（含极危、濒危和易危）植物数量高达 3 782 种（汪松和解炎，2004），植物园迁地保育珍稀及濒危物种数量滞后于我国濒危植物保护的需求。目前，我国植物园迁地保育濒危及受威胁植物的数量约 1 500 种，约为我国记载的濒危及受威胁植物物种数量的 40%，其中华南植物园等 11 个植物园迁地保育的濒危及受威胁植物为 483 属 1 428 种（黄宏文和张征，2012）。

植物专类园区既是植物园从事植物收集保护、发掘利用的重要平台，也是对特定植物类群深入研究的专类植物综合实验基地，对植物迁地保育及研究发挥了重要作用（黄宏文和张征，2012）。我国植物园和树木园目前建立了 1 195 个植物专类园区，其中以林业部门、中国科学院和园林部门植物园建立的专类园区数量最多，分别是 355 个、262 个和 186 个，占植物专类园区数量的 29.71%、21.92% 和 15.56%（表 2）。我国植物园活植物收集类型涵盖了国际现代植物园的所有类型，包括分类学收集（Taxonomic collections）、生物地理学收集

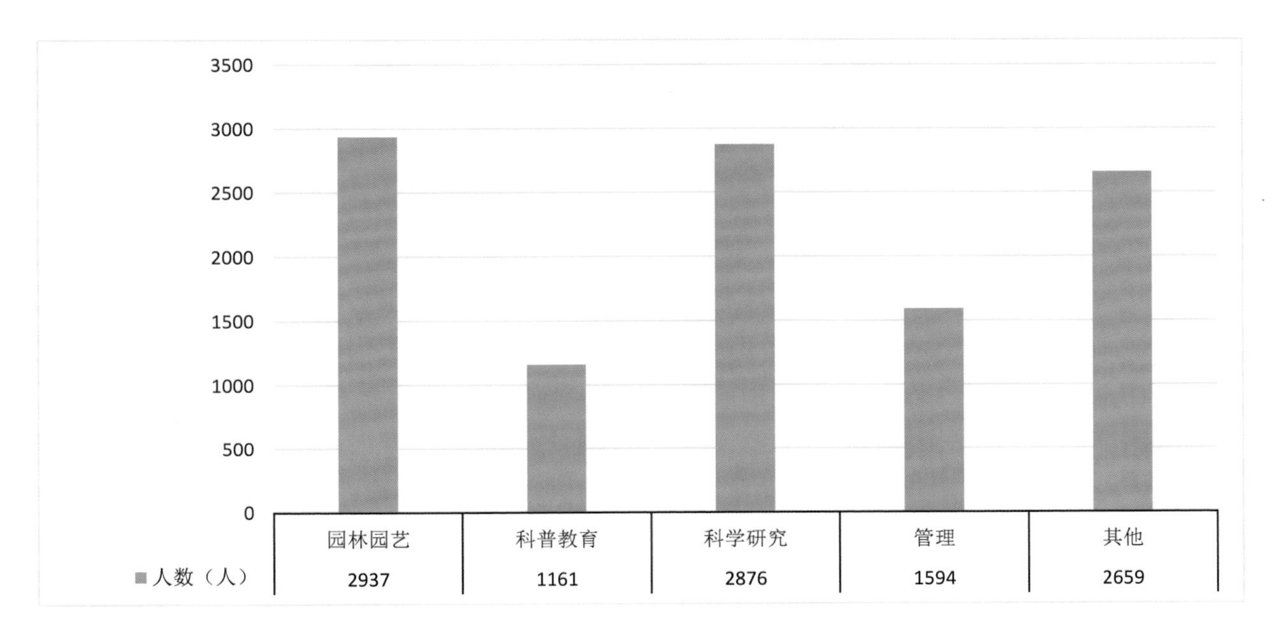


图 3　我国植物园和树木园员工构成

Fig.3　Staff composition of the Chinese botanical gardens and arboreta

(Biogeographical collections)、保护性收集（Conservation collections）、本土植物收集（Native collections）、研究性收集（Research collections）和观赏展示性收集（Display collections）等。分类学收集是我国植物园活植物收集的核心类型，如木兰园、棕榈园、蔷薇园、杜鹃园、猕猴桃园、山茶园、药用植物园、蕨类植物区、裸子植物区和特有植物区等，植物分类原则突出，体现植物的进化、系统分类与亲缘关系，既是植物分类学和系统进化等科学研究的基地，也为植物资源发掘利用和科学教育提供支撑平台。生物地理学收集是我国植物园活植物收集的另一核心类型，既包括根据生态环境条件相似性开展的特殊生态类型植物收集，如水生植物园区、岩石园、荒漠植物区、盐生植物园，也包括来自同一地理区域或栖息地的重点类群或优先保育类群的植物收集，如澳洲植物园、华东植物区系园、滇西南植物区等。保护性收集是以物种保护为目的，通常是濒危物种的迁地保育最重要的收集，是保护生物学研究、公众教育、国内或国际植物保护项目需求而开展的植物收集。本土植物收集是收集特定区域的地方性植物或特有的植物。研究性收集是基于特定的研究需求和研究兴趣的活植物收集。原则上植物园的整个活植物收集都可视为以迁地保育为基本导向的研究性收集，可用于基于活植物收集的科学研究。以研究或研究项目为导向的研究性收集可以强化植物园活植物收集，提升活植物收集的物种代表性和科学性。例如，华南植物园对姜科、木兰科等收集与编撰《中国植物志》紧密结合，相互促进，并最终达到物种数量和保护栽培质量的较高水准。

虽然不同部门的植物园的活植物收集及其专类园区重复数量较大，但从迁地保育的植物类群及物种差别看，各地植物园的活植物收集及其专类园通常依据当地气候条件，对适合当地生长的植物类群进行了针对性收集，植物区系特色明显。我国南方地区的植物专类园通常涵盖了华南、西南植物区系成分的重要特有植物类群，如姜科、棕榈科、苏铁类、龙脑香科、木兰科、桑科、兰科等中热带及南亚热带分布的重要属植物的物种。我国北方地区植物园则对东北、华北、西北植物区系成分的重要裸子植物类群、温带分布类群及干旱植物类群收集较多。我国华中及西南地区的植物园在我国常绿阔叶林成分的重要类群，如山茶科、壳斗科、樟科、杜鹃花科收集较为系统（表 4）。

我国植物专类园收集保育的类群重点聚焦了我国本土特有植物，并在收集和保育策略上关注了我国本土特有的重要植物类群，例如，木兰园、棕榈园、姜园、山茶园、杜鹃园等，这类专类园收集规模大、管理规范、研究积累深厚并体现了不同地区植物的区系特点，对我国本土植物多样性保护发挥了积极作用。例如，华南植物园木兰园收集物种 259 种，基本涵盖了我国本土分布的木兰科大部分物种及国外重要种，是世界上收集保育木兰科植物最全面的专类园。我国多数植物园建有珍稀濒危植物专类园，对濒危植物，特别是区域内的重点濒危植物进行了重点收集和迁地保育，部分规模较大的濒危植物专类园实现了对区域内重点濒危植物的居群收集及遗传多样性评价研究，对我国濒危植物的迁地保护发挥了核心作用。植物专类园也是植物园从事植物资源发掘利用的重要组成部分，具有很强的研发能力。我国植物园开展了相当数量的经济植物类群的收集及专类园区建设，如药用植物、经济植物、果树、观赏花卉等专类园，为我国植物资源发掘利用发挥了重要作用。

我国植物园和树木园在物种濒危机制、繁殖策略和方法、野外回归的理论和技术等方面开展了众多的研究，取得了长足的进展。我国植物园及相关研究机构对我国几十种濒危植物编目、生物学评价、濒危机制以及迁地与就地保育机理和野外回归进行了深入研究，取得了一批可借鉴的成果案例（Ren et al., 2012；任海等，2014）。例如，华南植物园对报春苣苔 *Primulina tabacum*、虎颜花 *Tigridiopalma magnifica*、单座苣苔 *Metabriggsia ovalifolia*、彩云兜兰 *Paphiopedilum wardii*、伯乐树 *Bretschneidara sinensis*、长梗木莲 *Manglietia longipedunculata*、乐东拟单性木兰 *Parakmeria*

表 2 中国植物园和树木园活植物收集概况
Table 2 Living Collections of Chinese Botanical Gardens and Arboreta

| | 引种登录数 Accessions | 迁地保育物种 Species | 栽培分类群 Taxa | 专类园区数 Specialized living collections | 中国和地方特有植物种数 National and Local Endemic plants | 珍稀濒危植物种数 Rare and Endangered Plants | 药用植物 Medicinal Plants | 乔木植株 Trees | 未鉴定物种（号） Unidentified accessions |
|---|---|---|---|---|---|---|---|---|---|
| 中国科学院植物园 / 占比（%） CAS gardens（%） | 303 450/78.26 | 77 933/31.07 | 79 337/25.08 | 262/21.92 | 24 740/73.56 | 4 228/40.05 | 3 942/11.91 | 405 705/18.35 | 11 974/29.22 |
| 教育部门 / 占比（%） Education Department（%） | 0/0 | 16 488/6.57 | 22 723/7.18 | 117/9.79 | 254/0.76 | 760/7.2 | 6 210/18.76 | 190 112/8.6 | 4 625/11.29 |
| 住房与建设部门 / 占比（%） Housing/Urban-Rural Department（%） | 0/0 | 7 341/2.93 | 8 211/2.60 | 28/2.34 | 0/0 | 7/0.07 | 78/0.24 | 42 000/1.9 | 38/0.09 |
| 林业部门 / 占比（%） Forest Department（%） | 20 305/5.24 | 61 351/24.46 | 90 445/28.59 | 355/29.71 | 5 350/15.91 | 2 176/20.61 | 5 784/17.48 | 865 055/39.12 | 18 703/45.64 |
| 园林部门 / 占比（%） Landscaping Department（%） | 39 276/10.13 | 35 309/14.08 | 47 115/14.89 | 186/15.56 | 1 144/3.4 | 1 819/17.23 | 2 038/6.16 | 361 358/16.34 | 840/2.05 |
| 农业部门 / 占比（%） Agricultural Department（%） | 1 800/0.46 | 5 642/2.25 | 12 818/4.05 | 37/3.1 | 1 253/3.73 | 938/8.89 | 1 320/3.99 | 49 530/2.24 | 810/1.98 |
| 医药部门 / 占比（%） Medical/Medicinal Department（%） | 9 272/2.39 | 12 289/4.9 | 14 484/4.58 | 19/1.59 | 33/0.1 | 111/1.05 | 11 900/35.95 | 13 500/0.61 | 3 180/7.76 |
| 科技部门 / 占比（%） Sci-Tech Department（%） | 2 350/0.61 | 15 595/6.22 | 15 595/4.93 | 38/3.18 | 73/0.22 | 111/1.05 | 620/1.87 | 68 940/3.12 | 265/0.65 |
| 港澳台 / 占比（%） Hong Kong, Macao and Taiwan(%) | 11 296/2.91 | 8 911/3.55 | 12 614/3.99 | 84/7.03 | 770/2.29 | 108/1.02 | 185/0.56 | 14 863/0.67 | 145/0.35 |
| 企业 / 其他 / 占比（%） Enterprises or Others（%） | 0/0 | 9 970/3.97 | 12 974/4.1 | 69/5.77 | 17/0.05 | 298/2.82 | 1 020/3.08 | 200 000/9.05 | 400/0.98 |
| 合计 Total | 387 749 | 250 829 | 316 316 | 1 195 | 33 634 | 10 556 | 33 097 | 2 211 063 | 40 980 |

*lotungensis*、猪血木、四药门花 *Tetrathyrium subcordatum* 等珍稀濒危植物开展的野外回归及种群扩大工作。武汉植物园研究了疏花水柏枝 *Myricaria laxiflora*、毛柄小勾儿茶 *Berchemiella wilsonii* var. *pubipetiolata*、中华水韭 *Isoetes sinensis*、荷叶铁线蕨 *Adiantum nelumboides*、巴东木莲 *Manglietia patungensis*、狭果秤锤树 *Sinojackia rehderiana*、黄梅秤锤树 *S. huangmeiensis*、伞花木 *Eurycorymbus cavaleriei* 等华中地区珍稀濒危植物。昆明植物园研究了麻栗坡兜兰 *Paphiopedilum malipoense*、华盖木、西畴青冈 *Cyclobalanopsis sichourensis*、弥勒苣苔 *Paraisometrum mileense*、云南金钱槭 *Dipteronia dyeriana*、馨香玉兰 *Magnolia odoratissima*、香木莲 *Manglietia aromatica*、三棱栎 *Trigonobalanus doichangensis*、云南蓝果树 *Nyssa yunnanensis*、滇藏榄 *Diploknema yunnanensis* 等西南地区的珍稀濒危植物。香港嘉道理农场暨植物园等对五唇兰 *Doritis pulcherrima*、深圳仙湖植物园对德保苏铁 *Cycas debaoensis*、庐山植物园对长柄双花木 *Disanthus cercidifolius* var. *longipes* 和竹柏

表 3　迁地栽培收集数量最多的科和属

Table 3　Largest Families and Genera in ex situ cultivation

| 序号 No. | 科名 Family Name | 科物种数 Species of the family | 序号 No. | 大于 50 种的属 Genus>50 species | 属物种数 Species of the genus |
|---|---|---|---|---|---|
| 1 | 兰科 Orchidaceae | 695 | 1 | 石斛属 Dendrobium | 92 |
| | | | 2 | 石豆兰属 Bulbophyllum | 79 |
| 2 | 禾本科 Gramineae | 602 | 3 | 簕竹属 Bambusa | 76 |
| | | | 4 | 刚竹属 Phyllostachys | 42 |
| 3 | 蔷薇科 Rosaceae | 566 | 5 | 悬钩子属 Rubus | 103 |
| | | | 6 | 蔷薇属 Rosa | 73 |
| | | | 7 | 荀子属 Cotoneaster | 56 |
| 4 | 百合科 Liliaceae | 517 | 8 | 十二卷属 Haworthia | 43 |
| 5 | 菊科 Compositae | 507 | | | |
| 6 | 棕榈科 Palmae | 492 | | | |
| 7 | 大戟科 Euphorbiaceae | 348 | 9 | 大戟属 Euphorbia | 102 |
| 8 | 姜科 Zingiberaceae | 365 | 10 | 山姜属 Alpinia | 59 |
| | | | 11 | 姜属 Zingiber | 50 |
| 9 | 仙人掌科 Cactaceae | 349 | | | |
| 10 | 凤梨科 Bromeliaceae | 281 | 12 | 光萼荷属 Aechmea | 81 |
| | | | 13 | 菜叶凤梨属 Neoregelia | 43 |
| 11 | 茜草科 Rubiaceae | 297 | | | |
| 12 | 天南星科 Araceae | 264 | 14 | 天南星属 Arisaema | 45 |
| 13 | 樟科 Lauraceae | 255 | 15 | 樟属 Cinnamomum | 32 |
| | | | 16 | 润楠属 Machilus | 39 |
| | | | 17 | 柯属 Lithocarpus | 37 |
| 14 | 豆科 Leguminosae | 685 | | | |
| 15 | 唇形科 Labiatae | 250 | | | |
| 16 | 苦苣苔科 Gesneriaceae | 246 | 18 | 唇柱苣苔属 Chirita | 71 |
| 17 | 木兰科 Magnoliaceae | 142 | 19 | 含笑属 Michelia | 53 |
| | | | 20 | 木兰属 Magnolia | 85 |
| | | | 21 | 木莲属 Manglietia | 35 |
| 18 | 景天科 Crassulaceae | 87 | 22 | 景天属 Sedum | 45 |
| 19 | 莎草科 Cyperaceae | 209 | 23 | 薹草属 Carex | 69 |
| 20 | 茶科 Theaceae | 164 | 24 | 山茶属 Camellia | 76 |
| 21 | 萝藦科 Asclepiadaceae | 207 | 25 | 球兰属 Hoya | 77 |
| 22 | 杜鹃花科 Ericaceae | 191 | 26 | 杜鹃花属 Rhododendron | 137 |
| 23 | 秋海棠科 Begoniaceae | 178 | 27 | 秋海棠属 Begonia | 160 |
| 24 | 壳斗科 Fagaceae | 166 | 28 | 栎属 Quercus | 52 |
| | | | 29 | 木姜子属 Litsea | 50 |
| 25 | 爵床科 Acanthaceae | 153 | | | |
| 26 | 毛茛科 Ranunculaceae | 172 | 30 | 铁线莲属 Clematis | 49 |
| 27 | 夹竹桃科 Apocynaceae | 124 | | | |
| 28 | 荨麻科 Urticaceae | 146 | 31 | 冷水花属 Pilea | 38 |
| 29 | 桑科 Moraceae | 160 | 32 | 榕属 Ficus | 110 |
| 30 | 玄参科 Scrophulariaceae | 141 | | | |
| 31 | 桃金娘科 Myrtaceae | 131 | 33 | 蒲桃属 Syzygium | 57 |
| 32 | 木樨科 Oleaceae | 127 | | | |
| 34 | 伞形科 Umbelliferae | 141 | | | |
| 35 | 马鞭草科 Verbenaceae | 130 | | | |
| 36 | 芸香科 Rutaceae | 111 | | | |
| 37 | 小檗科 Berberidaceae | 132 | 34 | 小檗属 Berberis | 84 |
| 38 | 忍冬科 Caprifoliaceae | 132 | 35 | 荚蒾属 Viburnum | 61 |
| 39 | 五加科 Araliaceae | 121 | | | |
| 40 | 虎耳草科 Saxifragaceae | 124 | | | |
| 41 | 蓼科 Polygonaceae | 103 | 36 | 蓼属 Polygonum | 49 |
| 43 | 龙舌兰科 Agavaceae | 104 | | | |
| 44 | 茄科 Solanaceae | 93 | | | |
| 45 | 芦荟科 Aloaceae | 119 | 37 | 芦荟属 Aloe | 119 |
| 46 | 葡萄科 Vitaceae | 84 | | | |
| 47 | 报春花科 Primulaceae | 100 | 38 | 报春花属 Primula | 55 |
| 48 | 葫芦科 Cucurbitaceae | 92 | | | |
| 49 | 鸢尾科 Iridaceae | 109 | 39 | 鸢尾属 Iris | 64 |
| 50 | 紫金牛科 Myrsinaceae | 90 | 40 | 紫金牛属 Ardisia | 53 |
| 51 | 鼠李科 Rhamnaceae | 90 | | | |
| 52 | 石蒜科 Amaryllidaceae | 66 | | | |
| 53 | 卫矛科 Celastraceae | 82 | | | |
| 54 | 番杏科 Aizoaceae | 118 | | | |
| 55 | 槭树科 Aceraceae | 106 | 41 | 槭属 Acer | 103 |
| 56 | 番荔枝科 Annonaceae | 93 | | | |
| 57 | 冬青科 Aquifoliaceae | 87 | 42 | 冬青属 Ilex | 87 |
| 58 | 苏铁目 Cycadales | 240 | 43 | 苏铁属 Cycas | 46 |
| 59 | 薯蓣科 Dioscoreaceae | 66 | 44 | 薯蓣属 Dioscorea | 66 |
| 60 | 闭鞘姜科 Costaceae | 45 | 45 | 闭鞘姜属 Costus | 45 |
| 61 | 猕猴桃科 Actinidiaceae | 65 | 46 | 猕猴桃属 Actinidia | |
| 62 | 柿树科 Ebenaceae | 48 | 47 | 柿树属 Diospyros | 47 |
| 63 | 鳞毛蕨科 Dryopteridaceae | 151 | 48 | 鳞毛蕨属 Dryopteris | 53 |
| | | | 49 | 耳蕨属 Polystichum | 45 |
| 64 | 水龙骨科 Polypodiaceae | 102 | | | |
| 65 | 铁角蕨科 Aspleniaceae | 57 | 50 | 铁角蕨属 Asplenium | 47 |

表 4 中国科学院植物园的主要特色植物专类园区
Table 4 Featured gardens of living collections in main Chinese botanical gardens belonging to CAS

| 植物专类园区<br>Gardens of living collections | 物种数量<br>Number of species | 活植物收集与代表植物类群<br>Living collections and taxonomic representatives |
|---|---|---|
| | | **中国科学院华南植物园 South China Botanical Garden, CAS** |
| 木兰园 Magnoliaceae garden | 259 | 始建于 1981 年，占地 20.7 hm$^2$，收集展示了木兰科全部属以及焕镛木 *Woonyoungia septentrionalis*、华盖木 *Pachylarnax sinica*、观光木 *Michelia odora*、合果木 *Michelia baillonii* 等国家Ⅰ、Ⅱ级重点保护植物 |
| 姜园 Zingiberaceae garden | 307 | 始建于 1983 年，占地 7.3 hm$^2$，收集展示茴香砂仁 *Etlingera yunnanensis*、兰花蕉 *Orchidantha chinensis*、地涌金莲 *Musella lasiocarpa*、春砂仁 *Amomum villosum*、郁金 *Curcuma aromatica*、土田七 *Stahlianthus involucratus*、益智 *Alpinia oxyphylla*、闭鞘姜属 *Hellenia*、山姜属 *Alpinia*、蝎尾蕉属 *Heliconia*、芭蕉属 *Musa* 等姜科 Zingiberaceae / 姜目 Zingiberales 主要属及稀有、经济物种 |
| 兰园 Orchidaceae garden | 1327 | 始建于 1983 年，占地 1.2 hm$^2$，收集展示野生兰科植物 200 多种、洋兰约 1000 种及濒危物种杏黄兜兰 *Paphiopedilum armeniacum*、同色兜兰 *Paphiopedilum concolor*、香港兜兰 *Paphiopedilum purpuratum* 等 |
| 棕榈园 Palmae garden | 395 | 建于 1959 年，由展示区和保育区构成，占地 3 hm$^2$，保育展示有董棕 Caryota obtusa、琼棕 *Chuniophoenix hainanensis*、矮琼棕 *Chuniophoenix nana*、龙棕 *Trachycarpus nanus* 等、石山棕 *Guihaia argyrata*、圣诞椰子 *Adonidia merrillii*、银海枣 *Phoenix sylvestris*、散尾棕 *Arenga engleri*、加拿利海枣 *Phoenix canariensis* 等特有、濒危种及经济物种 |
| 竹园 Bamboo garden | 300 | 始建于 1961 年，占地 10 hm$^2$，收集展示了酸竹 *Acidosasa chinensis*、筇竹 *Chimonobambusa tumidissinoda*、单枝竹 *Bonia saxatilis*、秀英竹 *Oligostachyum shiuyingianum*、林仔竹 *Oligostachyum nuspiculum*、人面竹 *Phyllostachys aurea*、紫竹 *Phyllostachys nigra*、方竹 *Chimonobambusa quadrangularis*、小琴丝竹 *Bambusa multiplex* 'Alphonso-Karrii'、云南甜竹 *Dendrocalamus brandisii* 等特有、濒危种及经济植物种类 |
| 苏铁园 Cycas garden | 95 | 始建于 1983 年，占地 3 hm$^2$，收集展示了仙湖苏铁 *Cycas fairylakea*、海南苏铁 *Cycas hainanensis*、葫芦苏铁 *Cycas changjiangensis*、攀枝花苏铁 *Cycas siamensis*、德保苏铁 *Cycas debaoensis*、苏铁属 *Cycas* 所有野生种及濒危种 |
| 凤梨园 Bromeliaceae garden | 203 | 始建于 1978 年，占地 1.7 hm$^2$，展示了 300 多种观赏凤梨以及咖啡 *Coffea arabica*、神秘果 *Synsepalum dulcificum* 等热带果树 |
| 经济植物区 Economical plants garden | 205 | 始建于 1959 年，占地 5.3 hm$^2$，收集展示了众香树 *Pimenta racemosa*、枫香 *Liquidambar formosana*、油棕 *Elaeis guineensis*、宛田红花油茶 *Camellia polyodonta*、博白大果油茶 *Camellia crapnelliana*、油桐 *Vernicia fordii*、千年桐 *Vernicia montana*、红木 *Bixa orellana* 等芳香、油料及染料植物 |
| 濒危植物园 Threatened and endangered plants garden | 88 | 始建于 1983 年，占地 5.3 hm$^2$，收集展示了银杉 *Cathaya argyrophylla*、猪血木 *Euryodendron excelsum*、南方红豆杉 *Taxus wallichiana* var. *mairei*、云南穗花杉 *Amentotaxus yunnanensis*、伯乐树 *Bretschneidera sinensis*、云南蓝果树 *Nyssa yunnanensis*、篦子三尖杉 *Cephalotaxus oliveri*、翠柏 *Calocedrus macrolepis*、柔毛油杉 *Keteleeria pubescens*、华南五针松 *Pinus kwangtungensis*、台湾杉 *Taiwania cryptomerioides*、坡垒 *Hopea hainanensis* 等珍稀濒危植物 |
| | | **中国科学院西双版纳热带植物园 Xishuangbanna Tropical Botanical Garden, CAS** |
| 百香园 Fragrant plants garden | 104 | 占地 5.7hm$^2$，引种保存国内外重要香料植物 104 种，有世界名贵香料依兰香 *Cananga odorata*、丁香 *Syzygium aromaticum*、檀香 *Santalum album*、土沉香 *Aquilaria sinensis*、香荚兰 *Vanilla planifolia*、肉豆蔻 *Myristica fragrans*、秘鲁香 *Myroxylon pereirae*、吐鲁香 *Myroxylon balsamum*、锡兰肉桂 *Cinnamomum verum*、肉桂 *Cinnamomum cassia*、白兰花 *Michelia* × *alba* 等，保存重要乡土香料植物细毛樟 *Cinnamomum tenuipile*、吉龙草 *Elsholtzia communis*、狭叶桂 *Cinnamomum heyneanum*、勐海黄樟 *Cinnamomum parthenoxylon* 等，傣族传统民族香料刺芫荽 *Eryngium foetidum*、云南石梓花 *Gmelina arborea*、铁力木 *Mesua ferrea* 等 |

（续）

| 植物专类园区<br>Gardens of living collections | 物种数量<br>Number of species | 活植物收集与代表植物类群<br>Living collections and taxonomic representatives |
|---|---|---|
| 野生食用植物园<br>Wild edible plants garden | 400 | 2009 年始建，占地 10 $hm^2$，收集保存野生食用及栽培植物近缘种 400 余种，分为野生食果区、野生食花区、野生食茎叶区、野生食根区，野生栽培植物近缘种则点缀于各区内，是目前世界上收集保存野生食用植物种类最多，面积最大的专类园区。代表性植物有柚子 *Citrus maxima*、芒果 *Mangifera indica*、香芭蕉 *Musa* cv. 品种及热带著名的水果和部分野生果树 |
| 棕榈园 Palmae garden | 458 | 始建于 1976 年，占地 9.3 $hm^2$，保存有国家保护植物琼棕 *Chuniophoenix hainanensis*、矮琼棕 *Chuniophoenix nana*、董棕 *Caryota obtusa*、龙棕 *Trachycarpus nanus*，我国特有种二列瓦理棕 *Wallichia disticha*；收集保存蛇皮果 *Salacca zalacca*、桃棕 *Bactris gasipaes* 等。从菲律宾引进蓝灰省藤 *Calamus caesius*、瘦枝省藤 *Calamus exilis*。棕榈藤收集区收集了省藤属 *Calamus*、黄藤属 *Daemonorops*、钩叶藤属 *Plectocomia* 植物 35 种，优质藤类有云南省藤 *Calamus acanthospathus*、多穗白藤 *Calamus tetradactylus*、小省藤 *Calamus gracilis*、滇南省藤 *Calamus henryanus* 等 |
| 热带植物种质资源收集区<br>Tropical plant germplasm collection | 1000 | 创建于 2001 年，占地 6.7 $hm^2$，收集栽培热带地区植物种质资源约 1400 种号，130 科 1000 余种植物，其中国家珍稀濒危植物 20 余种。代表性物种有滇南杜鹃 *Rhododendron hancockii*、桃叶杜英 *Elaeocarpus prunifolius*、杯斗栲 *Castanopsis calathiformis*、风嘴桐 *Epiprinus siletianus*、桂叶朴 *Celtis timorensis*、新乌檀 *Neonauclea griffithii*、黑皮插柚紫 *Linociera ramiflora* 等 |
| 南药园<br>Southern China medicinal plants garden | 500 | 始建于 2002 年，2012 年扩建，占地 3.3 $hm^2$，收集保存药用植物近 500 种，是保存南药、傣药、哈尼药为主的民族药用植物资源收集区，南药区收集展示了龙血树 *Dracaena draco*、槟榔 *Areca catechu*、益智 *Alpinia oxyphylla*、砂仁 *Amomum villosum*、肉桂 *Cinnamomum cassia*、锡兰肉桂 *Cinnamomum verum*、胖大海 *Scaphium scaphigerum*、檀香 *Santalum album*、印度大风子 *Hydnocarpus kurzii*、马钱子 *Strychnos nux-vomica*、萝芙木 *Rauvolfia verticillata*、苏木 *Caesalpinia sappan*、儿茶 *Acacia catechu*、巴豆 *Croton tiglium*、古柯 *Erythroxylum novogranatense* 等 30 多种，中华药区保存有巧茶 *Catha edulis*、接骨丹 *Toricellia angulata*、曼陀罗 *Datura stramonium*、芦荟 *Aloe vera* var. *chinensis*、川牛膝 *Cyathula officinalis*、金佛手 *Citrus medica* var. *sarcodactylis*、车前草 *Plantago major*、仙茅 *Curculigo orchioides*、千斤拔 *Flemingia prostrata* 等，民族药区展示有大叶火桐树 *Leea macrophylla*、葫芦茶 *Tadehagi triquetrum*、锅铲叶 *Passiflora wilsonii*、黄姜花 *Hedychium flavum* 等泰族、哈尼族、基诺族药用植物 |
| 榕树园 Ficus tree garden | 150 | 建于 1996 年，占地 1.3 $hm^2$，收集保存榕树属植物约 150 种。其中木瓜榕 *Ficus auriculata*、苹果榕 *Ficus oligodon*、厚皮榕 *Ficus callosa*、高榕 *Ficus altissima*、聚果榕 *Ficus racemosa*、突脉榕 *Ficus vasculosa*、黄葛榕 *Ficus virens* 等是当地野生木本蔬菜或民族药用植物，高榕 *Ficus altissima*、垂叶榕 *Ficus benjamina*、菩提树 *Ficus religiosa*、钝叶榕 *Ficus curtipes*、木瓜榕 *Ficus auriculata* 等已形成近自然雨林景观 |
| 龙脑香园 Dipterocarp garden | 54 | 建于 1981 年，占地 6.7 $hm^2$，成功引种 7 属 34 种龙脑香科植物，代表性植物有羯婆罗香 *Dipterocarpus tuberculatus*、望天树 *Parashorea chinensis*、盈江龙脑香 *Dipterocarpus gracilis*、海南坡垒 *Hopea hainanensis*、河内坡垒 *Hopea hongayensis*、版纳青梅 *Vatica guangxiensis*、东京龙脑香 *Dipterocarpus retusus* 等 |
| 龙血树园 Dracaena garden | 78 | 建于 2002 年，占地 1.07 $hm^2$，收集栽培植物 78 种含品种，其中龙血树属 *Dracaena* 植物 31 种，收集保存了我国分布的所有种类。该园还收集栽培了彩叶朱蕉 *Cordyline*、龙舌兰 *Agave*、丝兰 *Yucca* 等属 30 种植物 |
| | | **中国科学院武汉植物园 Wuhan Botanical Garden, CAS** |
| 猕猴桃国家资源圃 Actinidia national germplasm repository | 60 | 占地 4 $hm^2$，收集猕猴桃属 *Actinidia* 50 余种、种质资源 3 万份，是世界猕猴桃物种收集最多的国家资源圃 |
| 水生植物专类园 Aquatic plant garden | 486 | 由群落展示区、湖泊生态区、荷花品种保存区及展示区、水生温室、水生植物种质资源圃和睡莲品种保存区等多个展区组成，包括我国湖泊水生植物的主要类群，如水生珍稀濒危植物宽叶水韭 *Isoetes japonica*、中华水韭 *Isoetes sinensis*、药用野生稻 *Oryza officinalis*、粗梗水蕨 *Ceratopteris pteridoides*、长喙毛茛泽泻 *Ranalisma rostrata*、腾冲慈姑 *Sagittaria tengtsungensis*、水禾 *Hygroryza aristata* 等；水生蔬菜种质资源类豆瓣菜 *Nasturtium officinale*、蒲菜 *Typha orientalis*、莼菜 *Brasenia schreberi*、海菜花 *Ottelia acuminata*、菱 *Trapa natans*、茭白 *Zizania latifolia*、芋 *Colocasia esculenta* 等 |

（续）

| 植物专类园区<br>Gardens of living collections | 物种数量<br>Number of species | 活植物收集与代表植物类群<br>Living collections and taxonomic representatives |
|---|---|---|
| 华中古老孑遗特有珍稀植物专类园 Central Chinarelic and rare plant garden | 1750 | 占地 14 hm²，以保存珍稀濒危植物为主的专类园，建有三峡消涨带植物群落区、三峡特有珍稀植物展示区、三峡特有珍稀植物保存区、中国特有植物生态保育展示区、红枫谷区、中国特有属植物专类区、华中珍稀植物展示区、古老孑遗植物展示区、古老孑遗珍稀特有植物保存区等 9 个区，保存了 1750 种。保存展示的国家重点保护野生植物有天目铁木 *Ostrya rehderiana*、普陀鹅耳枥 *Carpinus putoensis*、中华水韭 *Isoetes sinensis*、珙桐 *Davidia involucrata*、伯乐树 *Bretschneidera sinensis*、华盖木 *Pachylarnax sinica*、峨眉拟单性木兰 *Parakmeria omeiensis*、南方红豆杉 *Taxus wallichiana* var. *mairei* 等、绒毛皂荚 *Gleditsia japonica* var. *velutina*、云南拟单性木兰 *Parakmeria yunnanensis*、华南五针松 *Pinus kwangtungensis*、水青树 *Tetracentron sinense* 等 |
| 药用植物专类园 Medicinal plant garden | 1500 | 建于 1956 年，占地约 3.5 hm²，包括荫性植物保育区、岩石区和李时珍药文化科普展示区，以华中地区为主的药用植物 1500 多种，包括国家重点保护野生药材甘草 *Glycyrrhiza uralensis*、黄连 *Coptis chinensis*、杜仲 *Eucommia ulmoides*、厚朴 *Houpoëa officinalis*、凹叶厚朴 *Houpoëa officinalis* 'Biloba'、黄皮树 *Phellodendron sinii*、刺五加 *Eleutherococcus senticosus*、黄岑 *Scutellaria baicalensis*、天门冬 *Asparagus cochinchinensis*、细辛 *Asarum sieboldii*、山茱萸 *Cornus officinalis*、连翘 *Forsythia suspensa*。华中地区道地药材：半夏 *Pinellia ternata*、吴茱萸 *Tetradium ruticarpum*、射干 *Belamcanda chinensis*、女贞 *Ligustrum lucidum*、木瓜 *Chaenomeles sinensis* 等 |
| 野生林特果专类园 Wild forest and fruit garden | 400 | 占地 3 hm²，建有野生藤本果树区、核果类区、仁果类区、亚热带常绿果树区、干果类区、悬钩子类区、小杂果类区、品种改良区等 8 个区，新增野生果树种质资源达 263 种，总数达 400 余种。重要代表性植物濒危植物有栓叶猕猴桃 *Actinidia suberifolia*，特有植物有红坪杏 *Armeniaca hongpingensis*、短萼樱 *Prunus cantabrigiensis*、毛萼红果树 *Stranvaesia amphidoxa*、红河大翼叶橙 *Citrus hongheensis*、酒饼簕 *Atalantia buxifolia*、圆果猕猴桃 *Actinidia melanandra* 等多种 |
| 兰花专类园 Orchid garden | 320 | 占地 1.45 hm²，建有兰科植物种质资源圃、兰科植物群落保育区、兰花品种保存区、兰科植物种苗繁殖及成品花规模生产区、兰科植物设施保育区等 5 个区，收集保育了华中和华南地区的兰科植物 266 种，离体保存兰科及其他珍稀濒危植物植物 60 余种。 |
| 乡土园林植物专类园 Domestic gardening plants garden | 500 | 占地 3.3 hm²，收集保存庭院树种类、行道树类、滕蔓植物类、绿篱类、地被植物类、野生花卉类、灌木类、盆景类园林野生植物 500 种左右，是综合性的园林植物种质资源圃，以华中地区乡土园林植物资源为收集对象 |
| **中国科学院植物研究所北京植物园 Beijing Botanical Garden of Institute of Botany, CAS** | | |
| 树木园 Arboretum | 1000 | 收集栽培各类乔灌木 1000 余种，包括蔷薇科、木犀科、忍冬科、小檗科、桑科、榆科、槭树科等共计 66 科 196 属；其中壳斗科植物 45 种 338 个分类群，优良树种有水杉 *Metasequoia glyptostroboides*、杜仲 *Eucommia ulmoides*、乔松 *Pinus wallichiana*、紫叶小檗 *Berberis thunbergii* 'Atropurpurea'、火炬树 *Rhus typhina*、蝟实 *Kolkwitzia amabilis*、糯米条 *Abelia chinensis*、流苏 *Chionanthus retusus*、重瓣棣棠 *Kerria japonica*、白花紫藤 *Wisteria sinensis* f. *alba* 及丁香 *Syringa oblata* 27 种 120 个分类群；保存的裸子植物包括银杏科、松科、柏科、红豆杉科、麻黄科等 9 科 30 属 200 余种，如美国白松 *Pinus strobus*、西黄松 *P. ponderosa*、欧洲赤松 *P. sylvestris*、北美圆柏 *Sabina occidentalis*、蓝粉云杉 *Picea glauca* 等 |
| 木兰牡丹区<br>Magnolia and peony collections | 230 | 占地 0.6 hm²，以木兰科植物为主景树，栽培中国传统名花牡丹品种 200 余个、芍药品种 30 余个 |
| 本草园 Herb garden | 400 | 占地 1.5 hm²，以收集我国北方药用植物为主，兼顾收集国外著名药用植物，共计 76 科 285 属 400 余种。按药用植物的生态习性分为阴生药用植物区、国外药用植物区、阳生药用植物区、攀援药用植物区、中药药方区、有毒药用植物区及芳香药用植物区。收集展示的代表性植物有黄精 *Polygonatum sibiricum*、甘草 *Glycyrrhiza uralensis*、何首乌 *Fallopia multiflora*、杜仲 *Eucommia ulmoides* 及国外的串叶松香草 *Silphium perfoliatum*、洋地黄 *Digitalis purpurea* 等 |

（续）

| 植物专类园区 Gardens of living collections | 物种数量 Number of species | 活植物收集与代表植物类群 Living collections and taxonomic representatives |
|---|---|---|
| 宿根花卉区 Bulbs and tuberous rooted plants garden | 600 | 占地 0.9 hm²，收集各类草本花卉和藤本植物 46 科 138 属近 600 种含品种，重要类群有玉簪属 Hosta、百合属 *Lilium*、鸢尾属 *Iris*、铁线莲属 *Clematis*、萱草属 *Hemerocallis* 等。分为阳生植物区、阴生植物区、球根花卉区、岩生植物区和藤本植物带，有松石寻芳、玉兰迎春、古藤新韵、旭映松翠等景点，布置了郁金香 *Tulipa gesneriana*、百合 *Lilium brownii*、洋水仙 *Hyacinthus orientalis* 等球根花卉品种，种植了独具中国特色的大百合 *Cardiocrinum giganteum*、景天 *Hylotelephium spectabile* 等野生植物资源，突出展示了植物园培育的萱草 *Hemerocallis* cv.、铁线莲 *Hemerocallis* cv.、荷兰菊 *Symphyotrichum* cv.、鸢尾 *Iris tectorum* cv.、玉簪 *Hosta* cv.、福禄考 *Phlox* cv. 新品种 |
| 水生和藤本植物区 Aquatic and vine plants garden | 210 | 收集栽培水生花卉和藤本植物 25 科 40 属 210 种。其中莲花、睡莲有 100 多个品种，代表性植物有古莲、孙文莲、中日友谊莲、芡实 *Euryale ferox* 以及从国外引进的王莲 *Victoria amazonica*；藤本植物有紫藤 *Wisteria sinensis*、美国凌霄 *Campsis radicans*、金银花 *Lonicera maackii*、南蛇藤 *Celastrus orbiculatus*、三叶木通 *Akebia trifoliata*、抗寒葡萄 *Vitis vinifera* cv. 和中华猕猴桃 *Actinidia chinensis* 等，另有紫薇属 *Lagerstroemia*、杨属 *Populus*、柳属 *Salix*、木槿属 *Hibiscus* 等植物 |
| 紫薇园 Lagerstroemia garden | 80 | 占地 1.25 hm²，种植紫薇品种 80 余个，分为红薇区、银薇区、步韵寻芳春花区、吟香醉月夏花区、秋色醉人秋色区、紫薇广场、诗境韵古等景区景点，是收集、展示、研究、观赏为一体的重要观赏植物园区 |
| 稀有濒危植物区 Rare and threated plants garden | 82 | 露地展示稀有濒危植物 41 科 57 属 82 种，大多为我国特有，如珙桐 *Davidia involucrata*、鹅掌楸 *Liriodendron chinense*、秤锤树 *Sinojackia xylocarpa*、夏蜡梅 *Calycanthus chinensis*、连香树 *Cercidiphyllum japonicum*、银鹊树 *Tapiscia sinensis*，以及水杉 *Metasequoia glyptostroboides*、银杏 *Ginkgo biloba* 等第三纪“活化石”孑遗植物 |
| 野生果树资源区 Wild fruit trees resources garden | 150 | 占地 2.3 hm²，分为坚果、浆果、核果、仁果 4 个小区，收集栽培“三北”地区野生果树 10 科 20 属 150 余种。以苹果属、梨属、山楂属、核桃属等重要类群为主，代表性植物有毛樱桃 *Cerasus tomentosa*、稠李 *Padus avium*、山桃 *Amygdalus davidiana*、山杏 *Armeniaca sibirica*、山楂 *Crataegus pinnatifida*、海棠 *Malus spectabilis*、杜梨 *Pyrus betulifolia*、栒子 *Cotoneaster acutifolius*、核桃 *Juglans sigillata*、板栗 *Castanea mollissima*、榛子 *Corylus heterophylla*、枣 *Ziziphus jujuba*、柿子 *Diospyros kaki*、桑树 *Morus alba*、茶子 *Rosa rubus* 等，是培育果树优良品种的重要材料 |
| 月季园 Chinese rose garden | 360 | 占地 0.6 hm²，收集栽培各类月季约 400 个品种，著名品种有‘黄和平’‘明星’‘红双喜’‘粉后’‘公主’‘金凤凰’‘舞会’‘迎春’‘蓝露露’和‘墨红’等 |
| **中国科学院南京中山植物园 Nanjing Botanical Garden Mem. Sun Yat-Sen, CAS** | | |
| 树木园 Arboretum | 371 | 面积 10 hm²，是中北亚热带树木引种驯化的研究基地，收集壳斗科、樟科、冬青科、木兰科和槭树科等木本植物 57 科 115 属 371 种 |
| 松柏园 Pine and cypress garden | 60 | 面积 7 hm²，保存国内外松科、杉科和柏科植物 7 科 22 属约 60 余种 |
| 药用植物园 Medicinal plants garden | 800 | 面积 4 hm²，依据药用部位和生态习性划为根及根茎药区、花果及种子药区、全草药区、藤本药区和阴生药区，收集了 133 科 431 属近 800 种药用植物 |
| 珍稀濒危植物园 Threatened and endangered plants garden | 100 | 面积 7 hm²，保存有国家重点保护珍稀濒危植物 100 余种 |
| 系统分类园 Systematic garden | 300 | 面积 6 hm²，按 Bessey 分类系统布置，按生态类型和园林布局种植有 64 科 143 属 300 多种植物，如有香榧 *Torreya grandis*、金钱松 *Pseudolarix amabilis*、铁杉 *Tsuga chinensis*、鹅掌楸 *Liriodendron chinense*、红豆树 *Ormosia hosiei*、日本木兰 *Magnolia obovata*、夏蜡梅 *Calycanthus chinensis* 等 |
| 蔷薇园 Rose garden | 150 | 以收集月季为主，引种栽培月季 150 个品种，兼顾著名的观花植物如梅花、玉兰、迎春、月季、蔷薇、杜鹃、山茶、牡丹、芍药等 |

（续）

| 植物专类园区<br>Gardens of living collections | 物种数量<br>Number of species | 活植物收集与代表植物类群<br>Living collections and taxonomic representatives |
|---|---|---|
| 红枫园 Maple garden | 43 | 占地 3 hm$^2$，遍植 20 多种槭树科的红叶树如鸡爪槭 *Acer palmatum*、三角枫 *Acer buergerianum*、建始槭 *Acer henryi*、天目槭 *Acer sinopurpurascens*、羽毛枫 *Acer palmatum* 'Dissectum'，以及枫香 *Liquidambar formosana*、乌桕 *Triadica sebifera*、盐肤木 *Rhus chinensis*、黄连木 *Pistacia chinensis*、杜英 *Elaeocarpus decipiens*、紫薇 *Lagerstroemia indica*、榆树 *Ulmus pumila*、榉树 *Zelkova serrata*、山胡椒 *Lindera glauca* 等各类色叶树 |
| 禾草园 Gramineae garden | 400 | 占地 2 hm$^2$，收集禾本科 100 余属 400 余种植物，分为 4 个种质资源圃、华东乡土植物展示区、植物功能展示区、景观展示区 4 个区，按地形和禾本科的演化过程，依次种植竹亚科、稻亚科等 8 个亚科的主要代表种类，展示禾本科的系统演化进程 |
| **中国科学院广西桂林植物园 Guilin Botanical Garden, CAS** | | |
| 中国苦苣苔科植物保育中心<br>Chinese Gesneriaceae Center | 300 | 2014 年建立"中国苦苣苔科植物保育中心"，出版《华南苦苣苔科植物》专著，建成苦苣苔科植物展示区，按附生、喜酸、喜钙类型，收集展示苦苣苔科植物 300 多种。如融安报春苣苔 *Primulina ronganensis*、齿叶瑶山苣苔 *Oreocharis dayaoshanioides*、毡毛后蕊苣苔 *Oreocharis sinohenryi*、长檐苣苔 *Petrocodon jasminiflorus*、红花大苞苣苔 *Anna rubidiflora*、紫花报春苣苔 *Primulina pupurrea*、碎米荠叶报春苣苔 *Primulina cardaminifolia*、凹柱苣苔 *Litostigma coriaceifolium* 等 |
| 珍稀濒危植物园<br>Threatened and endangered plants garden | 420 | 面积 2.0 hm$^2$，引种保存的珍稀濒危保护植物达到 420 种，适当布置花灌木和其他观赏植物，美化、突出重点濒危植物，使其更具有园林观赏价值，成为科研和科普教育的重要场所，也是我国第一个将珍稀濒危植物的保护与园林化建设及科普设施建设相结合的专类园。主要代表性植物有望天树 *Parashorea chinensis*、红豆杉 *Taxus wallichiana* var. *chinensis*、蒜头果 *Malania oleifera*、降香黄檀 *Dalbergia odorifera*、三尖杉 *Cephalotaxus fortunei*、广西青梅 *Vatica guangxiensis* 等 |
| 奇珍植物精品园<br>Rare and exotic plants garden | 200 | 占地 1.2 hm$^2$，1999 年始建，2002 年完工。以收集和展示分布于亚热带特别是主要分布于广西的珍贵、古稀、奇特、趣味植物为主，充分体现浓郁的地方特色，按珍贵古稀、奇异趣味和稀有特色建设了 3 个功能展示区，共引种收集珍贵、奇趣、古稀植物 200 多种，包括桫椤 *Alsophila spinulosa*、银杉 *Cathaya argyrophylla*、鹿角蕨 *Platycerium wallichii*、巢蕨 *Asplenium nidus* 等珍贵古稀植物，以及多羽叉叶苏铁 *Cycas multifrondis*、跳舞草 *Codariocalyx motorius*、含羞草 *Mimosa pudica*、捕虫植物、食虫植物等奇异趣味植物和著名的桂林雁山四宝——红豆、方竹、丹桂、绿萼梅等地方特色植物 |
| 金花茶园 Golden camellia garden | 134 | 占地 0.8 hm$^2$，收集了金花茶组植物 15 种及 2 个变种，同时种植了 50 多种名贵的山茶花品种和广西特有的宛田红花油茶 *Camellia polyodonta*，以丰富园区景观。金花茶及茶花品种均为下层树种，按园林规划高低错落种植，上层是原有的樟树等高大乔木，地面以荫生地被植物铺设，游览小道旁种植各种山茶植物。如金花茶 *Camellia nitidissima*、显脉金花茶 *Camellia euphlebia*、毛瓣金花茶 *Camellia pubipetala*、凹脉金花茶 *Camellia impressinervis* 等 |
| 杜鹃园 Rhododendron garden | 100 | 建于 2000 年，占地 4.1 hm$^2$，是广西第一个景观优美、布局合理、融种质资源保存、科普教育和旅游观光于一体的多功能杜鹃专类园。现已收集杜鹃种类 100 多个含品种，如太平杜鹃 *Rhododendron championae*、喇叭杜鹃 *Rhododendron discolor*、羊踯躅 *Rhododendron moll*、武鸣杜鹃 *Rhododendron wumingense* 等，为广西规模最大、种类、数量最多的杜鹃花专类园，有些杜鹃种类是广西特有。园内的杜鹃按花色、花期布置，还配置了紫荆 *Cercis chinensis*、龙爪槐 *Sophora japonica* 'Pendula' 和迎春花 *Jasminum nudiflorum* 等观赏植物 |
| 桂花园 Osmanthus garden | 23 | 1997 年始建，占地面积 1.2 hm$^2$，收集种植了丹桂 *Osmanthus fragrans*、金桂 *Osmanthus fragrans*、四季桂 *Osmanthus fragrans* 'Semperflorens'、日香桂 *Osmanthus fragrans* 'rixianggui'10 多个桂花品种，金秋十月，满园桂花飘香，是植物园秋季游览的亮点 |
| 百竹园 Bamboo garden | 180 | 始建于 1997 年，占地面积 2.0 hm$^2$，从广西及邻近地区引种栽培各种竹子 120 多种，其中有紫竹 *Phyllostachys nigra*、方竹 *Chimonobambusa quadrangularis*、黄金间碧玉竹 *Phyllostachys sulphurea*、佛肚竹 *Bambusa ventricosa*，还有广西特有的石山竹子芸香竹 *Monocladus amplexicaulis* 等 |

（续）

| 植物专类园区<br>Gardens of living collections | 物种数量<br>Number of species | 活植物收集与代表植物类群<br>Living collections and taxonomic representatives |
|---|---|---|
| 桃花园 Peach garden | 50 | 2002 年始建，占地面积 1.5 hm²，位于植物园南部的山冲，引种栽培了观赏价值高的桃花品种红碧桃 *Amygdalus persica* f. *rubro-plena*、红叶桃 *Prunus persica* f. *atropur purea* 等 50 个，并辅以蔷薇科的其他观赏乔灌木 |
| 裸子植物区<br>Gymnosperms collections | 200 | 占地 1.3 hm²，是最早建立并对外开放的园区，栽培展示裸子植物 10 科 40 属 200 余种裸子植物，有银杏 Ginkgo biloba、银杉 *Cathaya argyrophylla*、水杉 *Metasequoia glyptostroboides*、攀枝花苏铁 *Cycas panzhihuaensis*、云南穗花杉 *Amentotaxus yunnanensis*、云南红豆杉 *Taxus yunnanensis* 等国家级保护植物及大叶南洋杉 *Araucaria bidwillii*、世界爷 *Sequoia sempervirens*、落羽杉 *Taxodium distichum* 等国外种类，还有世界著名观赏树种—雪松 *Cedrus deodara*、金钱松 *Pseudolarix amabilis* 和南洋杉 *Araucaria cunninghamii* |
| 棕榈苏铁区 Palm and cycad collections | 60 | 占地 1.3 hm²，收集了热带、亚热带棕榈科植物 12 种，苏铁植物 5 种，露地栽培近 200 株植物 |
| **中国科学院昆明植物研究所昆明植物园 Kunming Botanical Garden of Kunming Institute of Botany, CAS** | | |
| 竹园 Bamboo garden | 63 | 占地 0.22 hm²，种植竹类 50 种（包括变种和变型）、地被植物 13 种，代表性植物园有高大的乔木状竹类如大琴丝竹 *Neosinocalamus affinis* f. *flavidorivens*、粉单竹 *Lingnania chungii*，低矮的地被竹如鹅毛竹 *Shibataea chinensis*、翠竹 *Sasa pygmaea*；有以观赏茎秆为主的紫竹 *Phyllostachys nigra*、龟甲竹 *Phyllostachys heterocycla*，以观叶为主如菲白竹 *Sasa fortunei*、阔叶箬竹 *Indocalamus latifolius* |
| 蔷薇区 Rose family collection | 160 | 占地 2 hm²，收集展示蔷薇科乔灌木和藤本植物共 25 属 100 余种，其中有冬季开花的冬樱花 *Cerasus cerasoides* var. *majestica*、梅花 *Armeniaca mume*，早春开花的云南樱花 *Cerasus cerasoides* var. *rubea*、垂丝海棠 *Malus halliana*，仲春开花碧桃 *Amygdalus persica* f. *dulex*、毛叶木瓜 *Chaenomeles cathaensis*，晚春开花的日本樱花 *Cerasus yedoensis*、木香 *Rosa banksiae*，秋季观果的火棘 *Pyracantha fortuneana*、红果树 *Stranvaesia davidiana*、匍匐栒子 *Cotoneaster adpressus* 等，以及云南山楂 *Crataegus cuneata*、山里红 *Crataegus pinnafifida* var. *major*、云南移依 *Docynia delavayi*、枇杷 *Eriobotrya japonica* 等具保健或药用价值的野生果树 |
| 山茶园 Camellia garden | 672 | 2011 改造竣工，占地 10 hm²，收集保存山茶科 600 多个分类群含变种、变型、亚种和园艺栽培种，其中云南山茶品种 160 个、红山茶品种 400 个、茶梅品种 40 个、金花茶 16 种，是世界上重要的收集保存山茶园艺品种的种质资源圃。重要类群有山茶属 *Camellia*、核果茶属 *Pyrenaria*、大头茶属 *Polyspora*、木荷属 *Schima*、紫茎属 *Stewartia*、厚皮香属 *Ternstroemia*、杨桐属 *Adinandra*、猪血木属 *Euryodendron*、柃木属 *Eurya* 等 |
| 杜鹃园 Rhododendron garden | 270 | 2009 年建设，占地 4 hm²，定植杜鹃类植物 243 种，其中原生种 127 种，观赏品种 7 个，配置其他植物 26 种 |
| 秋海棠专类收集区 Begonia garden | 460 | 收集保存种类 460 种（或品种）、栽培规模达 5000 余盆，选育出‘植物鸟秋海棠’‘大白秋海棠’等 20 个新品种，成为目前国内最大的秋海棠属 *Begonia* 植物引种驯化基地。另收集有苦苣苔属 *Conandron*、马先蒿属 *Pedicularis*、铁线莲属 *Clematis* 等植物 |
| 树木园 Arboretum | 960 | 占地 10 hm²，收集展示金缕梅科、樟科、壳斗科、槭树科、漆树科、蓝果树科、使君子科、五加科、梧桐科、榆科等植物，栽培了云南产的山玉兰 *Lirianthe delavayi*、麻栗坡含笑 *Michelia chapensis*、红花木莲 *Manglietia insignis*、滇藏木兰 *Yulania campbellii* 等木兰科植物 60 余种 |
| 百草园 Herb garden | 950 | 始建于 1979 年，占地 3 hm²，收集保育和展示我国西南地区特色药用植物 171 科 592 属 950 多种植物，包括唇形科、百合科、芍药科、木兰科、豆科、毛茛科、桔梗科、锦葵科、柏科、姜科、延龄草科等 |
| 扶荔宫温室群 Fuligong Conservertories | 2000 | 旧“扶荔宫”温室建成于 1986 年，2011 年改造扩建，扩建后的“扶荔宫”建筑面积 0.65 hm²，由主温室热带雨林馆和荒漠馆、植物医生馆、兰花馆、秋海棠馆、蕨类馆、石生植物馆等组成，2015 年布置展示植物，保存热带特色植物 2 000 余种 |

（续）

| 植物专类园区 Gardens of living collections | 物种数量 Number of species | 活植物收集与代表植物类群 Living collections and taxonomic representatives |
|---|---|---|
| | | **中国科学院庐山植物园 Lushan Botanical Garden, CAS** |
| 松柏区 Pine and cypress garden | 248 | 园区占地 3 hm$^2$，收集松科、杉科、柏科、罗汉松科、三尖杉科和红豆杉科等松柏类植物 11 科 48 属 248 种（包括变种），代表种有红豆杉 *Taxus wallichiana* var. *chinensis*、东北红豆杉 *Taxus cuspidata*、南方红豆杉 *Taxus wallichiana* var. *mairei*、白豆杉 *Pseudotaxus chienii*、穗花杉 *Amentotaxus argotaenia*、香榧 *Torreya grandis*、金松 *Sciadopitys verticillata*、银杉 *Cathaya argyrophylla*、水杉 *Metasequoia glyptostroboides*、粗榧 *Cephalotaxus sinensis*、三尖杉 *Cephalotaxus fortunei*、日本冷杉 *Abies firma*、中甸冷杉 *Abies ferreana*、福建柏 *Fokienia hodginsii*、红桧 *Chamaecyparis formosensis*、秃杉 *Taiwania cryptomerioides*、金钱松 *Pseudolarix amabilis*、北美乔松 *Pinus strobus*、黄叶扁柏 *Chamaecyparis obtusa*、欧洲刺柏 *Juniperus communis* 等 |
| 杜鹃园 Rhododendron garden | 400 | 杜鹃园由杜鹃分类区、国际友谊杜鹃园、杜鹃回归引种园及杜鹃谷 4 个园区组成，共收集杜鹃花属植物野生种 320 余种、品种近 200 个，代表种有云锦杜鹃 *Rhododendron fortunei*、井冈山杜鹃 *R. jingangshanicum*、猴头杜鹃 *R. simiarum*、江西杜鹃 *R. kiangsiense*、百合花杜鹃 *R. liliiflorum*、鹿角杜鹃 *R. latoucheae*、耳叶杜鹃 *R. auriculatum*、红滩杜鹃 *R. chihsinianum*、桃叶杜鹃 *R. annae*、露珠杜鹃 *R. irroratum*、马银花 *R. ovatum*、羊踯躅 *R. molle* 等 |
| 岩石园 Rock garden | 600 | 园区占地 1 hm$^2$，引种阴生植物及药用植物 600 余种。中长期规划拟对园区进行清理，使园区面积扩大到 2 hm$^2$，引种保存的活植物达到 800 余种（包括品种） |
| 蕨类苔藓园 Fern and moss garden | 300 | 占地 1 hm$^2$，已引种保存的蕨类植物 40 科 89 属 285 种，苔藓植物 5 科 7 属 15 种 |
| 树木园 Arboretum | 300 | 占地 1.3 hm$^2$，引种保存国家珍稀濒危植物 140 种。代表植物有伯乐树 *Bretschneidera sinensis*、珙桐 *Davidia involucrata*、银杉 *Cathaya argyrophylla*、秃杉 *Taiwania cryptomerioides*、红豆杉 *Taxus wallichiana* var. *chinensis*、白豆杉 *Pseudotaxus chienii*、连香树 *Cercidiphyllum japonicum*、银鹊树 *Tapiscia sinensis*、香果树 *Emmenopterys henryi* 及木兰科植物等 |
| 乡土灌木园 Endemic shrub garden | 120 | 占地 1.2 hm$^2$，保存的江西乡土植物达 120 余种；规划建设面积达 3.5 hm$^2$，因中保存的乡土植物达到 180 余种 |
| | | **中国科学院吐鲁番沙漠植物园 Turpan Desert Botanical Garden, CAS** |
| 柽柳专类园 Tamaricaceae garden | 25 | 建于 1992 年，占地 2 hm$^2$，收集保存柽柳科植物 3 属 20 种，其中柽柳属 17 种、琵琶柴属 2 种、水柏枝属 1 种，占中国分布种数的 50% 以上，是世界上保存柽柳科植物的重要种类资源库和研究基地 |
| 民族药用植物专类园 Ethno-medicinal plants garden | 150 | 建于 1992 年，占地 0.5 hm$^2$，以维吾尔族常用野生药用植物为主，兼收新疆哈萨克、蒙古等其他少数民族的草药种类，重点突出荒漠植物种类，为发掘新疆野生药用植物资源创造了条件 |
| 荒漠经济果木专类园 Desert economical plants garden | 50 | 建于 1995 年，占地 1.2 hm$^2$，引种保存干旱荒漠区野生经济果木及栽培种 30 余种，将发展建设成为荒漠区野生果树及栽培果树品种的种质资源保存中心，收集保存新疆野苹果 *Malus sieversii*、野蔷薇 *Rosa multiflora*、野杏 *Armeniaca vulgaris*、野生巴旦杏 *Amygdalus communis*、野生欧洲李 *Prunus domestica*、野生山楂 *Crataegus* sp.、野樱桃 *Cerasus* sp. 和野核桃 *Juglans regia* 等植物 |
| 温带荒漠珍稀濒危特有植物专类园 Temperate desert rare and endangered plants garden | 150 | 面积 6 hm$^2$，收集保存温带荒漠植物区系中荒漠特有、濒危、珍稀、孑遗的植物类群和典型荒漠生态系统中关键的类群、重要栽培作物近缘种类以及具有潜在重要价值的野生种类 |
| 盐生荒漠植物专类园 Desert Halophyte plants garden | 110 | 占地 1 hm$^2$，收集保存藜科、柽柳科、蒺藜科、白花丹科、杨柳科、菊科、豆科与禾本科植物 |

（续）

| 植物专类园区<br>Gardens of living collections | 物种数量<br>Number of species | 活植物收集与代表植物类群<br>Living collections and taxonomic representatives |
|---|---|---|
| 荒漠野生观赏植物园 Desert wild ornamental plant garden | 100 | 始建于 1997 年，占地 1 $hm^2$，收集保存灌木植物为主，兼顾地被植物和短命观赏植物收集，注重野生观叶、观果和观形植物收集 |
| 沙漠植物标本园 Desert plant specimens garden | 400 | 建于 1976 年，占地 8 $hm^2$，定植沙漠植物 60 科 200 属近 400 种。主要功能是沙漠植物物种资源保存、开展干旱区荒漠植物系统学研究、科学普及和教学实习。具有特色的植物类群有柽柳属、沙拐枣属、沙冬青属、白刺属、甘草属和梭梭属，其物种数占中国荒漠地区分布总数的 80% 以上，不少种是我国荒漠特有种类和分布区的建群种 |
| 沙拐枣专类园 Calligonum collections | 23 | 始建于 2006 年，占地 10.45 $hm^2$，包括沙拐枣种质资源圃，收集保存以新疆为主要分布的泡果沙拐枣 *Calligonum calliphysa*、白皮沙拐枣 *C. leucocladum*、红皮沙拐枣 *C. rubicundum*、奇台沙拐枣 *C. klementzii*、艾比湖沙拐枣 *C. ebinuricum* 和塔里木沙拐枣 *C. roborowskii* 植物为主要建群种，配置主要的伴生灌木和多年生草本植物，构成近自然的沙拐枣自然群落，涵盖了所有国产沙拐枣属物种 |
| 华西亚高山植物园 Huaxi sub-alpine plants garden, CAS | | |
| 中国杜鹃园 Chinese Rhododendron garden | 1500 | 建于 1986 年，占地 42.9 $hm^2$，收集保存有杜鹃花 300 余种 20 万余株，包括杜鹃花核心景观区、杜鹃花回归展示区，另外有 3 个杜鹃花自然群落分布在 1800-3400m 不同的海拔高度，是中国乃至亚洲地区面积最大、种类最多的野生杜鹃花资源搜集与迁地保护基地，包括杜鹃花 *Rhododendron* 及珙桐 *Davidia involucrata*、连香树 *Cercidiphyllum japonicum*、水青树 *Tetracentron sinense* 等珍稀植物。 |

*Nageia nagi* 等进行了回归自然试验和种群恢复重建（任海等，2017）。最近启动的《全国极小种群野生植物拯救保护工程规划（2011~2015）》公布了我国极小种群濒危植物 120 种，仅有约 10 种在植物园得到迁地保育（黄宏文和张征，2012）。对极小种群濒危植物的迁地保护及实施技术体系的研究将是我国植物园近期及未来研究的重要方向之一。

### 1.4 植物记录与迁地栽培管理 Plant records and ex situ cultivation

开展植物多样性收集和迁地栽培保育是植物园的核心工作之一，也是植物园与公园的最大区别所在，而迁地保育植物信息记录和档案管理是植物园的“灵魂”。对我国植物园全面考察迁地栽培植物信息记录与档案管理情况，包括引种记录本、植物登录本、植物登录卡片、植物定植记录本、植物繁殖记录本、植物物候记录本、引种栽培植物名录、计算机化植物记录系统等的调查表明（图 4），我国植物园目前只有 20 个植物园有活植物登录信息记录，占植物园总数的 12.3%；其中 7 个植物园隶属于中国科学院，其他部门仅有少数植物园具有活植物登录信息管理，如园林部门 5 个植物园、港澳台 3 个植物园、医药部门 2 个植物园以及科技部门 1 个植物园和农业部门 1 个植物园有活植物登录管理信息，而教育、住建和企业及其他植物园缺乏植物收集登录管理，我国植物园活植物登录管理急需引起高度重视。

我国植物园引种和迁地栽培信息管理严重不足，如仅有 78 个植物园有引种记录本、49 个植物园有植物登录记录、36 个植物园有植物登录卡片、53 个植物园有植物定植记录、42 个植物园有植物繁殖记录、61 个植物园有植物物候记录、69 个植物园具有引种栽培植物名录、41 个植物园有计算机化植物记录系统，比例均较低（图 5）。这表明我国大多数植物园在信息记录和档案管理方面非常不完善，尤其是不到三成的植物园具有计算机化植物记录系统，这对于植物信息记录保存与共享严重滞后，意味着我国植物园对生物多样性保护的基础数据的档案管理和信息记录还存在严重不足，未形成长期、稳定、高效的植物迁地保护的国家体系（黄宏文和张征，2012）。

我国植物园和树木园开展引种收集、植物登录管理、繁殖定植管理、物候观测、种子与植物材料交换、入侵生物监测以及植物园栽培植物编目还需要加强。根据调查，我国植物园仅有 102 个（占 63%）开展野外考察和引种收集，开展登录管理、繁殖管理和定植管理的植物园分别有 49 个（占 30.2%）、42 个（占 25.9%）和 53 个（占 32.7%），开展物候观测、种子与材料交换和入侵生物监测的植物园分别有 61 个（占 37.7%）、49 个（占 30.2%）和 34 个（占 21%），开展植物园迁地栽培植物编目的植物园仅 69 个（占 42.6%）（图 5）。

通过调查，重点分析了中国科学院植物园及中国植物园联盟主要成员单位的活植物收集（表 5）。结果表明，中国科学院所属植物园，由于建制性特征，长期从事专科专属和一些专类植物的搜集、研究和发掘利用，具有历史长、积累丰富、区域代表性强和数据积累系统性强等特征，在植物登录数（303 450 号，占全国植物园总登录数的 78.26%）、迁地保护物种记录数（77 933 种，占 31.07%）、中国和地方特有植物物种记录数（24 740 种，占 73.56%）、珍稀濒危植物物种记录数（4 228 种，占 40.05%）等方面发挥了显著的引领作用（表 5），中科院植物园持续引进物种，2010~2016 年新引种 230 327 号，年均引种 32 904 号。中国植物园联盟 88 个成员单位具有广泛的覆盖性和区域代表性，在活植物登录数（374 420 号，占 96.56%）、迁地保护物种记录数（155 710 种，占 62.08%）、中国和地方特有植物物种记录数（8 173 种，占 24.3%）、珍稀濒危植物物种记录数（5 288 种，占 50.09%）等方面发挥了主要作用。

在全国植物园体系中，具有行业代表性、植物迁地保护信息完整，在迁地保护物种、专类园区数量、中国和地方特有植物数量、珍稀濒危物种数量位居前 50 的植物园，涵盖了我国活植物收集登录数的 100%、活植物收集物种记录的 56.93%、分类群记录的 51.13%、专类园区数量的 53.22%、特有物种记录的 24.15%、珍稀濒危物种记录的 46.27%、药用植物记录的 53.13%，具有广泛的迁地收集代表性，对我国植物迁地保护发挥了核心作用。我国 11 个主要植物园迁地保育植物约 2 000 种（黄宏文和张征，2012），其活植物登录涵盖我国植物园总登录数的 76.69%、活植物收集物种记录的 28.02%、分类群记录的 23.5%、植物专类园区数的 17.49%、中国和地方特有植物记录的 18.92%、珍稀濒危植物记录的 26.16%、药用植物记录的 13.37%（表 5）。

此外，林业系统和园林系统在植物园数量、专类园

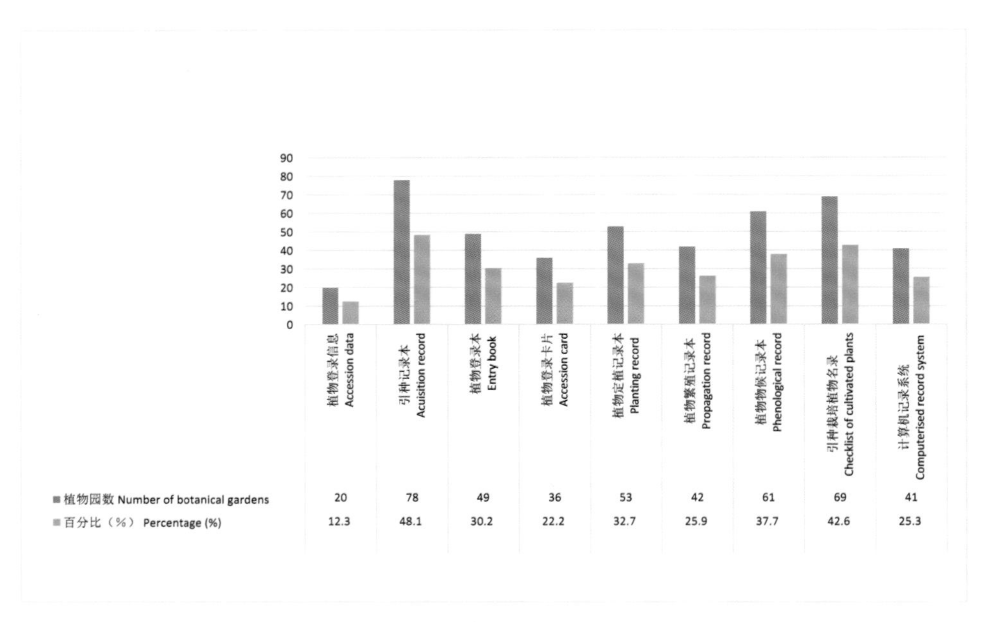


图 4　我国植物园植物信息记录与档案管理统计
Fig. 4　Statistics of plant record and archive management in Chinese botanical gardens

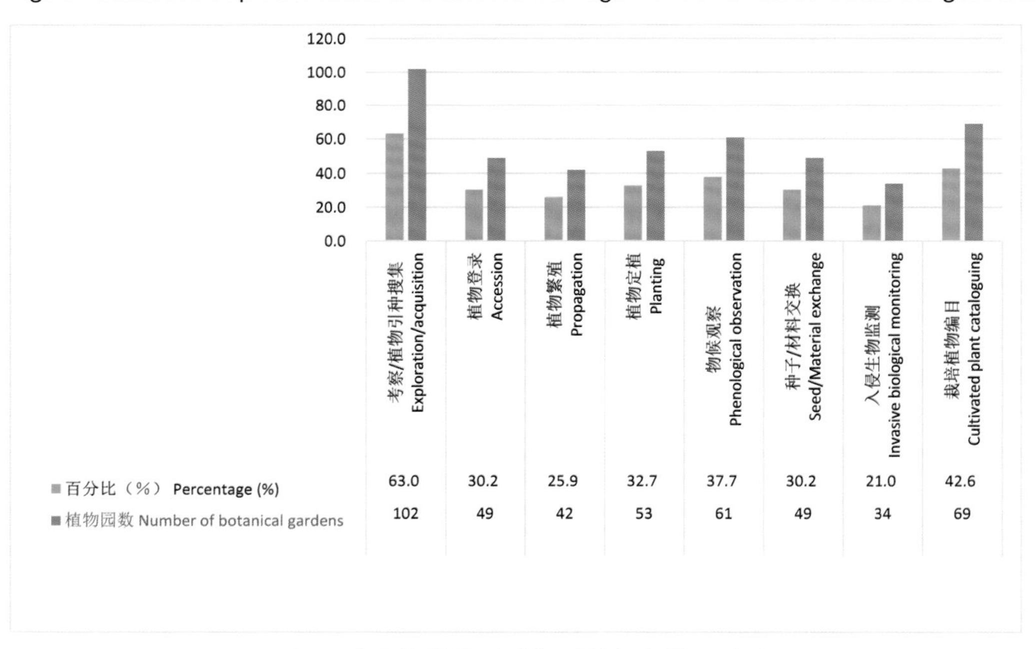


图 5　我国植物园引种与迁地保育管理统计
Fig. 5　Statistics of acquisition and ex situ management in Chinese botanical gardens

区数量、活植物收集物种记录和分类群记录以及乔木植株数量方面具有特别突出的优势，分别有植物园 51 个和 39 个、专类园（区）355 个（占 27.27%）和 213 个（16.36%）、活植物物种记录 61 351 种（23.32%）与 37 582 种（14.29%）、分类群记录 90 445（27.25%）与 49 443（14.9%）。迁地栽培药用植物以医药部门植物园最多，有 13 100 种（占 33.84%），其次分别为林业、教育和中科院植物园，分别是 5 784（占 14.94%）、5 130（13.25%）和 3 942（10.18%）。迁地保存中国和地方特有植物以中国科学院植物园占明显优势，有 24 740 种特有植物记录，占 73.29%（表 2）。

表 5　中国科学院植物园及中国植物园联盟成员单位前 50 个植物园和前 11 个植物园的活植物收集比较

Table 5　Comparative analysis of living collections for top 50 and top 11 botanical gardens of CAS and CUBG

| | 162 个植物园<br>162 botanical gardens | 中国科学院植物园 / 占比（%）<br>CAS gardens（%） | 联盟成员数据 / 占比（%）<br>CUBG member BGs(%) | 50 个植物园 / 占比（%）<br>Top 50 gardens（%） | 11 个植物园 / 占比（%）<br>Top 11 gardens（%） |
|---|---|---|---|---|---|
| 引种登录数 Accessions | 387 749 | 303 450/78.26 | 374 420/96.56 | 387 749/100 | 297 364/76.69 |
| 迁地保育物种数 Species | 250 829 | 77 933/31.07 | 155 710/62.08 | 142 796/56.93 | 70 271/28.02 |
| 栽培分类群数 Taxa | 316 316 | 79 337/25.08 | 83 646/26.44 | 161 717/51.13 | 74 337/23.50 |
| 植物专类园区数 Specialized living collections | 1 195 | 262/21.92 | 737/61.67 | 636/53.22 | 209/17.49 |
| 中国和地方特有植物种数 National and Local Endemic plants | 33 634 | 24 740/73.56 | 8 173/24.3 | 8 122/24.15 | 6 364/18.92 |
| 珍稀濒危植物种数 Rare and Endangered Plants | 10 556 | 4 228/40.05 | 5 288/50.09 | 4 884/46.27 | 2 761/26.16 |
| 药用植物数 Medicinal Plants | 33 097 | 3 942/11.91 | 18 509/55.92 | 17 583/53.13 | 4 425/13.37 |
| 乔木植株数 Trees | 2 211 063 | 405 705/18.35 | 1 689 603/76.42 | 1 681 440/76.05 | 176 864/8 |
| 未鉴定物种数（号）Unidentified accessions | 40 980 | 11 974/29.22 | 27 367/66.78 | 31 446/76.73 | 22 943/55.99 |

# 第二章　中国植物园简介

Chapter 2  A Brief Introduction of Botanical Gardens of China

# 中国科学院植物研究所北京植物园

## Beijing Botanical Garden of Institute of Botany, Chinese Academy of Sciences (CAS)

**建园时间 Time of Established：1956 年**

**植物园简介 Brief Introduction：**

筹建于 1950 年，创建于 1955 年，1956 年经国务院批准建立，是新中国成立后首批重点建设的植物园之一。位于北京市著名风景名胜区香山脚下，规划面积 119 $hm^2$，现有土地面积 74 $hm^2$，其中展览区 20.7 $hm^2$，试验地 17.2 $hm^2$，展览温室 1 820 $m^2$，试验温室 3 000 $m^2$。以收集保存我国北方温带及其生态环境相似地区、横断山与东喜马拉雅地区野生植物资源为主，重点进行珍稀濒危植物、特有植物、经济植物、观赏植物和环境修复植物的收集、保存与评价研究，并兼顾国外重要类群植物资源的引种驯化和资源植物的发掘利用。定位为国家战略植物资源的储备库，我国北方植物多样性迁地保护与可持续利用研究基地，国家科普教育基地。主要任务和功能是进行我国北方温带及其生态环境相似地区野生植物资源迁地保护和生物多样性研究；发掘植物资源，总结植物引种驯化理论和技术方法；运用植物生态学和园林美学的方法配置和展示植物，是集植物科学研究、迁地保护、科学普及、人才培养为一体的对社会开放和为公众服务的机构。设置有北方资源植物重点实验室，辖华西亚高山植物园。栽培保育植物 145 000 号 3 475 种 6 544 个分类群，其中乔灌木约 800 种，热带、亚热带植物 2 000 余种，花卉近 500 种（含品种），果树、芳香、油料、中草药、水生植物等 400 余种。迁地保育珍稀濒危植物 82 种、中国特有和地方特有植物 308 种。种子标本室收集种子标本 75 000 余号，22 500 余种。已建成树木园、宿根花卉园、月季园、牡丹园、本草园、紫薇园、野生果树资源区、环保植物区、水生植物区、珍稀濒危植物区，热带、亚热带植物展览温室等 16 个植物专类园区。其中壳斗科植物 45 种 338 个分类群；月季 360 个分类群；丁香 27 种 120 个分类群；水生藤本植物 42 种 210 个分类群，代表性植物有睡莲、王莲、紫藤、南蛇藤等；裸子植物 97 种，代表性植物有北京乔松、红豆杉、松、柏、杉等；珍稀濒危植物 48 种，代表性植物有银鹊树、夏腊梅、马褂木等。建园至今发表论文 1 993 余篇，申请注册专利 70 余项。有入侵物种管理制度和植物引种收集与迁地保育管理制度，有引种记录、植物登录、定植记录、繁殖记录、物候记录管理和计算机植物记录系统，有《引种栽培植物名录》和《种子交换名录》，近 5 年交换植物 674 种。培育新品种 320 个，获授权新品种 31 个；推广园林观赏植物 190 种。（文 / 李晓东，图 / 林秦文）

## 联系方式 Contacts:

通信地址 Mailing Address：北京市海淀区香山南辛村 20 号
单位电话 Tel：010-62836063
官方网站 Official Website：http://garden.ibcas.ac.cn
官方邮件地址 Official Email：yuanban@ibcas.ac.cn
植物园负责人 Directors：景新明，xmjing@ibcas.ac.cn; 王英伟，ywwang@ibcas.ac.cn
引种负责人 Curator of Living Collections：孙国峰，010-62836890，sungf@ibcas.ac.cn
信息管理负责人 Plant Records in Charge：韩艺，010-62836658，ibgarden@ibcas.ac.cn
登录号 Number of Accessions：145 000
栽培保育物种数 Number of Species：3 700
栽培分类群数量 Number of Taxa：6 544

# 北京植物园

## Beijing Botanical Garden

**建园时间 Time of Established：1956 年**

**植物园简介 Brief Introduction：**

创建于 1956 年，位于北京西山卧佛寺。使命与定位是以丰富的植物资源、优美的园林景观为基础，开展植物展示、保护和研究，以提高公众植物认知和环境意识的专业机构。主要任务和功能是植物保护、植物研究、植物科普教育及植物展示。占地面积 400 $hm^2$，开放区面积 200 $hm^2$，以收集、展示和保存植物资源为主，由植物展览区、名胜古迹人文景观、自然保护区和科研区组成，有 15 个专类园，引种栽培和保育的植物 10 000 余种（含品种），承担各类研究课题 100 项，其中 14 项荣获省部级奖项，出版专著近 30 部、发表论文 300 篇、获得专利 4 项、新品种 3 个，在植物资源的引种、选育以及资源保护、利用方面取得了丰硕的科研成果。植物展览区分为观赏植物区、树木园和温室区 3 部分。观赏植物区主要有月季园、桃花园、牡丹园、芍药园、丁香园、海棠栒子园、木兰园、集秀园（竹园）、宿根花卉园和梅园等专类园区。树木园有银杏松柏区、槭树蔷薇区、椴树杨柳区、木兰小檗区、悬铃木麻栎区和泡桐白蜡区。盆景园主要展示我国各流派盆景的技艺与作品。名胜古迹区由卧佛寺、樱桃沟、曹雪芹纪念馆、梁启超墓、隆教寺遗址等组成。迁地保育珍稀濒危植物 59 种、中国特有和地方特有植物 46 种。月季园收集 1 500 个分类群，代表性物种有中国古老月季、树状月季；丁香园有 90 个分类群，如华北丁香、‘金园’北京丁香；芍药园收集 200 个分类群，如‘黄金轮’‘美菊’‘巧玲’；桃花园收集 70 个分类群，如‘品虹’山碧桃、‘品霞’山碧桃等；牡丹园收集 630 个分类群，有‘花二乔’‘海黄’‘金阁’‘豆绿’等；竹园收集 70 个分类群，有乌哺鸡竹、黄条纹金刚竹、矢竹等；海棠园收集 85 个分类群，有海棠花、垂丝海棠、现代海棠等；梅园收集 45 个分类群，有‘丰后’‘北京玉蝶’‘单粉垂枝’等；紫薇园收集 16 个分类群，有紫薇、浙江紫薇等植物；玉簪园收集 122 个分类群，如波叶玉簪、‘八月美女’‘小明’等植物。开展了引种记录、植物登录、定植记录、繁殖记录和物候记录管理，有计算机植物记录系统和《引种栽培植物名录》；有《种子交换名录》，近 5 年交换物种 438 种。开展了大花杓兰的野外回归，培育新品种 3 个，获授权新品种 3 个，推广园林观赏植物 3 种。（文 / 陈红岩、郭翎，图 / 陈红岩、赵世伟）

## 联系方式 Contacts：

通信地址 Mailing Address：北京市海淀区香山卧佛寺路北京植物园

单位电话 Tel：010-6259 1283

传真 Fax：010-8259 6707

官方网站 Official Website：http://www.beijingbg.com

官方邮件地址 Official Email：bjzwy@beijingbg.com

植物园负责人 Director：贺然，010-62591283，heran@beijingbg.com

引种负责人 Curator of Living Collections：郭翎，010-62593209，guoling@beijingbg.com

信息管理负责人 Plant Records in Charge：魏钰，010-62591283，weiyu@beijingbg.com

登录号 Number of Accessions：ca.*23 200

栽培保育物种数 Number of Species：ca.5 000

栽培分类群数量 Number of Taxa：ca.5 500

*ca.=circa，意为大约，全书同。

# 北京药用植物园

## Beijing Medicinal Botanical Garden

**建园时间 Time of Established：1955 年**

**植物园简介 Brief Introduction：**

始建于 1955 年，前身为中国医学科学院药物研究所标本园，隶属于中国医学科学院药用植物研究所，1988 年改名北京药用植物园。总面积 19.62 $hm^2$，主要分为活络园、本草纲目园、成果荟萃园、民族药园、功效分类园、中药知识园、国外引种园、系统分类园、种质保存园、功能植物园以及养生园等 11 个专类园区，现已迁地保护药用植物 1 500 余种 1 600 余个分类群，迁地保育珍稀濒危植物 14 种、中国特有和地方特有植物 15 种；有现代化本草生态温室 5 200 $m^2$，室内引种热带、沙生等多气候环境药用植物 1 000 余种；标本室藏有腊叶标本和生药标本 5 000 余种。北京药用植物园是我国北方地区最大的药用植物园，以收集和保存《中华人民共和国药典》收载物种为重点，以"园林的外貌、科学的内涵、民族的特色"为建园指导方针，集引种保存、科学研究、文化传播、观光养生四位功能于一体。有保育栽培操作规程和植物引种收集与迁地保育管理制度、引种栽培植物名录和计算机植物记录系统，正在建立和健全引种记录，尤其是近几年来开展了引种记录、植物登录和物候记录管理、繁殖记录；近 5 年交换植物 160 余种。北京药用植物园是国家药用植物园体系的发起园和龙头园，是北京市中医药文化旅游示范基地、北京市科普基地、北京市科教旅游基地。（图、文 / 李标）

## 联系方式 Contacts:

通信地址 Mailing Address：北京市海淀区马连洼北路 151 号
单位电话 Tel：010-57833195
传真 Fax：010-57833195
官方网站 Official Website：http://www.implad.ac.cn/cn
官方邮件地址 Official Email：yaozhiyuan@implad.ac.cn
植物园负责人 Directors：魏建和，010-57833358，jhwei@implad.ac.cn；李标，010-57833195，libiao@126.com
引种负责人 Curator of Living Collections：王文全，010-57833140，wqwang@implad.ac.cn
信息管理负责人 Plant Records in Charge：张昭，010-62899773，zzhang@implad.ac.cn; 王秋玲，010-57833195，qlwang@implad.ac.cn
登录号 Number of Accessions*：
栽培保育物种数 Number of Species：ca.1 500
栽培分类群数量 Number of Taxa：ca.1 600

* 未获得该调查数据，全书空白的条目同。

# 北京教学植物园
## Beijing Teaching Botanical Garden

**建园时间 Time of Established：1957 年**

**植物园简介 Brief Introduction：**

始建于 1957 年，位于北京市东城区龙潭湖百果园 3 号，占地面积 11.65 $hm^2$，隶属于北京市教育委员会，是全国唯一一所专门以中小学生为主要教学对象，开展科技实践教学、环境教育、生态道德等科普教学活动，并为校园实践教学设施建设和绿化美化提供技术咨询的校外教育教学单位。建有树木分类区、水生植物区与人工模拟湿地、草本植物区、农作物展示区、木化石园、温室植物区、盆景植物区等教学功能区，共收集保存植物 2 054 种，其中迁地保育栽培珍稀濒危植物 47 种、中国特有和地方特有植物 49 种。北京教学植物园一直围绕建园宗旨，为北京中小学生素质教育服务，教学科普设施逐步完善。现建有植物科普展厅 1 500 $m^2$，学生探究实验室 900 $m^2$，动物标本展室 150 $m^2$，环境监测站等。结合园区硬件资源，开展了丰富的中小学生校外教育科普活动课程。有植物引种收集与迁地保育管理制度，无植物档案与信息记录管理。（文 / 于志水，图 / 李广旺）

## 联系方式 Contacts：

通信地址 Mailing Address：北京市东城区龙潭湖百果园 3 号，邮政编码 100061

单位电话 Tel：010-87550315

传真 Fax：010-87550312

官方网站 Official Website：http://bjjxzwy.bjedu.gov.cn

官方邮件地址 Official Email：jxzwy@sina.com

植物园负责人 Directors：关云飞，gyfpf@126.com；李广旺，bjlgw369@sina.com

引种负责人 Curator of Living Collections：于志水，010-87550311，hydroyu@163.com

信息管理负责人 Plant Records in Charge：魏红艳，010-87550318，wywhy22@sohu.com

登录号 Number of Accessions：

栽培保育物种数 Number of Species：2 010

栽培分类群数量 Number of Taxa：2 054

# 第二军医大学药用植物园

## Medicinal Botanical Garden of the Second Military Medical University

**建园时间 Time of Established：1956 年**

**植物园简介 Brief Introduction：**

第二军医大学药学院药用植物园位于上海市杨浦区，1956 年由我国现代生药学的先驱者之一李承祜先生创建。药用植物园及温室共栽培药用植物 180 多个科 1 200 余种，包括浙八味等华东地区常见的道地药材以及红豆杉、珙桐等国家重点保护植物。另有腊叶标本室、浸液标本室、生药标本室，标本总数 2 万余件。该药用植物园现已成为植物园保护国际 (BGCI) 成员单位、中国植物学会植物园分会理事单位和上海市植物学会理事长单位，致力于保护全球的生物多样性。药用植物园是第二军医大学药用植物学与生药学的重要教学科研基地，承担着药用植物学、生药学、中药资源学等 15 门课程的教学任务，其中生药学为国家级重点学科，是国家首批博士学位授予点之一。药用植物园开展的主要研究领域为中药鉴定、品质评价、中药资源的可持续利用、药用植物生物工程及药用植物内生真菌与药材品质相关性研究。药用植物园用于科学研究的平台主要有生药鉴定和品质评价研究室、生药资源研究室、药用植物生物工程研究室、药用植物内生真菌研究室、生药活性筛选实验室等多个实验室。

## 联系方式 Contacts：

通信地址 Mailing Address：上海市国和路 325 号
官方网站 Official Website：http://www.smmu.edu.cn
植物园负责人 Director：辛海量，021-81871300，hailiangxin@163.com
引种负责人 Curator of Living Collections：贾敏，021-81871305，jm7.1@163.com
信息管理负责人 Plant Records in Charge：贾敏，021-81871305，jm7.1@163.com
登录号 Number of Accessions：
栽培保育物种数 Number of Species：1 034
栽培分类群数量 Number of Taxa：1 059

# 上海植物园

## Shanghai Botanical Garden

**建园时间 Time of Established：1974 年**

**植物园简介 Brief Introduction：**

1974 年起筹建，占地 81.86 $hm^2$，前身是 1954 建立的龙华苗圃，1974 年获批筹建为上海植物园，1978 年 4 月 1 日正式开园，1988 年基本建成，有盆景园、草药园等专类园 15 个，后多次改扩建，2007 年承办首届上海花展，目前已成为一个以植物引种驯化和展示、园艺研究及科普教育为主的综合性植物园。植物引种以长江中下游野生植物为主，并为城市绿化收集和筛选大量的园艺品种，到目前共收集 4 000 种，3 000 多个品种。宿根植物、花灌木、凤梨科植物和仙人掌多肉类植物颇具特色。在传统名花牡丹、山茶的种质资源及新品种培育上取得丰硕成果，先后共获专利 6 项；国家级奖 2 项以及上海市科技进步奖 4 项；发表论文 150 多篇，主、参编专著 5 部，参编国家和地方垂直绿化技术规程 2 项；选育牡丹、月季、茶花及木瓜海棠新品系 30 多个，其中已通过审定山茶新品种 13 个，木瓜海棠新品种 10 个，牡丹新品种 1 个。

## 联系方式 Contacts：

通信地址 Mailing Address：上海龙吴路 1111 号

单位电话 Tel：021-54363369

传真 Fax：021-54363460

官方网站 Official Website：http://www.shbg.org

植物园负责人 Director：奉树成，021-54363368，846058770@qq.com

引种负责人 Curator of Living Collections：毕庆泗，021-54363369-1003

信息管理负责人 Plant Records in Charge：黄增艳，021-54363369-1090

登录号 Number of Accessions：20 305

栽培保育物种数 Number of Species：3 990

栽培分类群数量 Number of Taxa：6 813

# 中国科学院上海辰山植物园

## Shanghai Chenshan Botanical Garden, Chinese Academy of Sciences

**建园时间 Time of Established：2010 年**

**植物园简介 Brief Introduction：**

2007 年由上海市人民政府、中国科学院、原国家林业局合作共建的集科研、科普和观赏游览于一体的综合性植物园，占地面积 207 $hm^2$。立足华东，面向东亚，面向国家战略和地方需求，进行区域战略植物资源的收集、保护及可持续利用研究，园区由中心展示区、植物保育区、五大洲植物区和外围缓冲区等四大功能区构成。中心展示区设置了月季园、旱生植物园、珍稀植物园、矿坑花园、水生植物园、展览温室、观赏草园、岩石和药用植物园以及木樨园等 22 个专类园。展览温室展览面积为 12 608 $m^2$，由热带花果馆、沙生植物馆和珍奇植物馆组成，为亚洲最大的展览温室，其中沙生植物馆为世界最大室内沙生植物展馆。目前迁地收集活植物 25 106 号，7 724 种 8 328 个分类群（含品种），包括木兰科、兰科、凤梨科、蔷薇属、樱属、苹果属、鸢尾属，水生植物、旱生植物，药草植物、经济植物、珍稀濒危植物等专科、专属植物以及温室植物，成为全球重要的植物种质资源保存中心之一，其中华东区系园保育物种数 232 种 250 个分类群（含品种）380 个登录号。上海辰山植物园不但是国家 AAAA 级旅游景区、上海市及全国科普教育基地、上海市专题性科普场馆，国内植物研究最重要的科研基地之一，也是我国与世界植物科研交流的重要平台和上海向世界展示科技、文化的重要窗口。

## 联系方式 Contacts：

**通信地址 Mailing Address**：上海市松江区辰花路 3888 号，上海辰山植物园

**单位电话 Tel**：021-37792288-800

**官方网站 Official Website**：http://www.csnbgsh.cn

**官方邮件地址 Official Email:** cspresident@lhsr.sh.gov.cn

**植物园负责人 Director**：胡永红，021-67657802，huyonghong@csnbgsh.cn

**引种负责人 Curator of Living Collections**：王正伟，021-37792288-232，w.z.w.1@126.com

**信息管理负责人 Plant Records in Charge**：王正伟，021-37792288-232，w.z.w.1@126.com

**登录号 Number of Accessions**：25 106

**栽培保育物种数 Number of Species**：7 724

**栽培分类群数量 Number of Taxa**：8 328

# 重庆市药用植物园

## Chongqing Medicinal Botanical Garden

**建园时间 Time of Established：1947 年**

**植物园简介 Brief Introduction：**

隶属于重庆市科委，上级主管单位为重庆市药物种植研究所，位于重庆市金佛山国家级自然保护区北麓。始建于 1947 年，前身为中华民国农林部中央林业实验所常山种植试验场标本园，是我国最早建立的药用植物园。园区现有土地面积 6.7 $hm^2$，保存活体药用植物 2 500 余种。以“中医药文化传承及生物多样性保护”为发展目标，主要致力于全国药用植物的引种栽培和驯化，西南地区道地药材、珍稀濒危植物、重要经济植物的种质资源收集保存和开发利用研究。该园也是西南地区部分高校中药学及植物学相关专业的教学实习基地和重庆市科普教育基地。植物园按植物生长习性分为乔木区、灌木区、藤本区、草本区、水生区、阴湿生区和智能温室区。中药功效展示区保存有地黄、补骨脂、板蓝根等药用植物；药食同源植物展示区保存有黄精、玉竹、百合等药用植物；乔木区主要有猴樟、杜仲、银杏等；灌木区主要有山茱萸、十大功劳、南天竹等；藤本区主要有使君子、苦葛、厚果鸡血藤等；草本区主要有丹参、乌头、白术等；水生区保存有泽泻、菖蒲、芦根等药用植物；阴湿生区保存有淫羊藿、八角莲、白及等药用植物；智能温室保存有毛黄堇、四棱草、胡豆莲等金佛山特色药用植物以及砂仁、益智、槟榔等南方药用植物。

## 联系方式 Contacts：

**通信地址 Mailing Address**：重庆市南川区三泉镇，重庆市药物种植研究所药用植物园

**单位电话 Tel**：023-71480004

**传真 Fax**：023-71480128

**官方网站 Official Website**：http://www.cqsywyjs.com

**植物园负责人 Director**：任明波，renmingbo1973@163.com，QQ：542147656

**引种负责人 Curator of Living Collections**：杨毅，QQ：278663360

**信息管理负责人 Plant Records in Charge**：李巧玲

**登录号 Number of Accessions**：

**栽培保育物种数 Number of Species**：2 500

**栽培分类群数量 Number of Taxa**：

# 重庆市南山植物园

## Nanshan Botanical Garden

**建园时间 Time of Established：1959 年**

**植物园简介 Brief Introduction：**

前身为南山公园，始建于 1959 年。1998 年改建为南山植物园，定位为收集保存亚热带低山植物种质资源，以观赏植物专类园为中心进行植物保存、收集、栽培，集科普研究和园林艺术景观展示为一体的低山类观赏植物园。海拔 420～680.5 m，总规划面积 551 $hm^2$，分为观赏植物风景林区、专类观赏植物园区、科研苗圃区和植物生态保护区。已建成蔷薇园、兰园、梅园、山茶园、盆景园、中心景观园等专类园区，收集植物 240 科 1 200 余属 5 500 余种（包含品种）。已建成有蔷薇园、兰园、梅园、山茶园、盆景园、中心景观园、大金鹰园和一棵树观景园；大型展览温室于 2009 年 10 月 1 日正式开放。在山茶科山茶属、杜鹃花科、腊梅科、木樨科等方面物种收集较为突出，其中山茶园被评为“国际山茶名园”的称号。2002 年被评为国家 AAAA 级旅游区、重庆市十佳旅游景区，并被选为“重庆魅力一日游”的主要景点；2003 年“一棵树”管理科被授予全国“五一”劳动奖状；2004 年被重庆市授予规范化管理“一级达标公园”；2008 年被国家住房与城乡建设部授予“国家重点公园”的荣誉。是全国青少年科普教育基地及重庆市青少年植物科普教育基地，也是重庆大学、西南大学、重庆邮电大学等高校重要教学实习基地。

## 联系方式 Contacts：

**通信地址 Mailing Address**：重庆市南川区三泉镇，重庆市药物种植研究所药用植物园

**单位电话 Tel**：023-71480004

**传真 Fax**：023-71480128

**官方网站 Official Website**：http://www.cqsywyjs.com

**植物园负责人 Director**：任明波，renmingbo1973@163.com，QQ：542147656

**引种负责人 Curator of Living Collections**：杨毅，QQ：278663360

**信息管理负责人 Plant Records in Charge**：李巧玲

**登录号 Number of Accessions**：

**栽培保育物种数 Number of Species**：2 500

**栽培分类群数量 Number of Taxa**：

# 重庆市南山植物园

## Nanshan Botanical Garden

**建园时间 Time of Established：1959 年**

**植物园简介 Brief Introduction：**

前身为南山公园，始建于 1959 年。1998 年改建为南山植物园，定位为收集保存亚热带低山植物种质资源，以观赏植物专类园为中心进行植物保存、收集、栽培，集科普研究和园林艺术景观展示为一体的低山类观赏植物园。海拔 420~680.5 m，总规划面积 551 $hm^2$，分为观赏植物风景林区、专类观赏植物园区、科研苗圃区和植物生态保护区。已建成蔷薇园、兰园、梅园、山茶园、盆景园、中心景观园等专类园区，收集植物 240 科 1 200 余属 5 500 余种（包含品种）。已建成有蔷薇园、兰园、梅园、山茶园、盆景园、中心景观园、大金鹰园和一棵树观景园；大型展览温室于 2009 年 10 月 1 日正式开放。在山茶科山茶属、杜鹃花科、腊梅科、木樨科等方面物种收集较为突出，其中山茶园被评为“国际山茶名园”的称号。2002 年被评为国家 AAAA 级旅游区、重庆市十佳旅游景区，并被选为“重庆魅力一日游”的主要景点；2003 年“一棵树”管理科被授予全国“五一”劳动奖状；2004 年被重庆市授予规范化管理“一级达标公园”；2008 年被国家住房与城乡建设部授予“国家重点公园”的荣誉。是全国青少年科普教育基地及重庆市青少年植物科普教育基地，也是重庆大学、西南大学、重庆邮电大学等高校重要教学实习基地。

## 联系方式 Contacts：

通信地址 Mailing Address：重庆市南岸区南山公园路 101 号，邮编 400065
单位电话 Tel：023-62479135
传真 Fax：023-62479564
官方网站 Official Website：http://www.cqnsbg.com/index.html
植物园负责人 Director：张绍林，023-62479138
引种负责人 Curator of Living Collections：权俊萍，023-62479448
信息管理负责人 Plant Records in Charge：韩文衡 023-62479089
登录号 Number of Accessions：
栽培保育物种数 Number of Species：5 170
栽培分类群数量 Number of Taxa：2 763

# 重庆市植物园

## Chongqing Botanical Garden

**建园时间 Time of Established：1985 年**

**植物园简介 Brief Introduction：**

隶属于重庆市林业局，与重庆缙云山国家级自然保护区实行“一套班子，两块牌子”管理，面积 160.8 hm²。位于重庆市北碚区，东经 106°22′，北纬 29°49′，距市中心区 35 km，年平均气温 13.6℃，年降雨量 1 611.8 mm，年平均相对湿度 87%，年均日照 1293.9 小时。是集科研科普、科学内涵、园林外貌为一体的森林植物园，是全国科普教育基地、国家生态文明教育基地。园内地带性植被保存完好，植物种类繁多，现有植物 338 科 1 171 属 2 407 种（含变种和变型），其中国家级保护珍稀植物珙桐、银杉、红豆杉、桫椤等 51 种；有缙云四照花、缙云槭、北碚榕等模式植物 38 种；建有珍稀植物展区、模式植物展区等 10 个功能区。是长江中上游地区典型的亚热带常绿阔叶林区和植物种质基因库，具有较高的保护价值和科学研究价值，是开展森林科考研究、生态教学实习及环境保护教育等活动的基地。30 多年来共引种驯化植物 510 种，累计参与、完成国际合作课题 3 项，国家和地方课题 65 项。先后荣获省级科技成果奖、科技进步奖 4 项，市级科技进步奖 12 项。近年来，重庆市植物园积极争取政府支持，并与非政府组织、企业、学校、社区等开展跨界合作，在科研、科普和基础设施建设方面都取得了较好成绩。

## 联系方式 Contacts：

通信地址 Mailing Address：重庆市北碚区金华西二支路 56 号

单位电话 Tel：023-68224497

传真 Fax：023-68347126

官方网站 Official Website：http://www.jinyunshan.com

植物园负责人 Director：牟维斌

引种负责人 Curator of Living Collections：邓先保

信息管理负责人 Plant Records in Charge：刘玉芳，023-68347116，375106358@qq.com

登录号 Number of Accessions：

栽培保育物种数 Number of Species：1 966

栽培分类群数量 Number of Taxa：2 407

# 重庆大学植物园

## Botanical Garden of Chongqing University

**建园时间 Time of Established：2012 年**

**植物园简介 Brief Introduction：**

以学校虎溪校区为依托，按植物园与校园“两园合一”的建设思路同步规划，占地 42 hm²。始建于 2012 年，以缙云湖以及 7 个山丘为核心区域。重庆大学植物园本着“生态优先，园景一体”的原则，力争打造出一个集休闲、观景为主，科普、教育为支撑的校园植物园，为广大师生及公众提供一个优美自然环境的同时，搭建一个了解植物基本知识及生态保育知识的平台，也为相关科研机构及项目提供一定的科研基础。目前已建成蔷薇园、牡丹园、木兰园、蕨类园、美人蕉谷、羊蹄甲林、荷苑、杜鹃园、山茶园、球宿根园、香草园、热带植物展览区、自然演替区和苗圃与引进植物园等园区。西南珍稀树木园、果树园等特色园区将在后期的建设中逐步完善。园内奇花异卉竞展风姿，四季不断，现有植物 150 余科 1 050 余种，其中蕨类植物约 30 余种，裸子植物 10 余种，被子植物 1 000 余种，还有国家Ⅰ、Ⅱ、Ⅲ级珍稀保护植物 10 余种。植物园以创建国际一流校园植物园为发展目标，结合生态系统维护、生物多样性保育以及植物资源储备与可持续利用等相关问题进行科普知识推广，建成科普教育基地，并最终达成整合校园自然空间环境、提升学校育人环境的目的。

## 联系方式 Contacts：

通信地址 Mailing Address：重庆市沙坪坝区大学城南路 55 号重庆大学虎溪校区综合楼 Z228

单位电话 Tel：023-65678751

传真 Fax：023-65678068

官 方 网 站 Official Website：http://huxi.cqu.edu.cn/newsclass/9 ab8 b9 da34659011

植物园负责人 Director：夏之宁，023-65678588，Znxia@cqu.edu.cn

引种负责人 Curator of Living Collections：向娅，023-65678751，xiangya@cqu,edu.cn

信息管理负责人 Plant Records in Charge：向娅，023-65678751，xiangya@cqu.edu.cn

登录号 Number of Accessions：

栽培保育物种数 Number of Species：1 050

栽培分类群数量 Number of Taxa：

# 黄山树木园
## Huangshan Arboretum

**建园时间 Time of Established：1958 年**

**植物园简介 Brief Introduction：**

隶属于安徽省林业科学研究院，前身为安徽省林科所黄山分所，位于黄山风景区，占地面积约 2 hm$^2$，始建于 1958 年，1963 年随安徽省林科所迁至合肥后正式命名为安徽省黄山树木园。黄山树木园一直从事华东地区珍稀树种引种、驯化和栽培试验等科研工作，引种栽培有各种珍贵稀有植物及特色树木约 50 科 400 多种，是安徽省进行国内外木本植物引种驯化的重要基地和重要的林业科研实验基地，为华东地区林业科技人员和大专院校师生提供了考察、实习的场所。现有国家级保护树种 37 种，其中 I 级保护植物有水杉、珙桐、银杏、台湾杉、南方红豆杉、天目铁木、伯乐树等 7 种；II 级保护植物有华东黄杉、金钱松、翠柏、大别山五针松、香榧、粗榧、连香树、鹅掌楸、凹叶厚朴、毛红椿、喜树、水曲柳、香果树、黄檗、长序榆、宝华玉兰、榉树、峨眉含笑等 18 种；III级保护植物有夏腊梅、领春木、杜仲、黄山木兰、天目木兰、天女花、青檀、琅琊榆、白辛树、秤锤树、紫茎等 12 种。此外，还培育了一大批国外珍稀树种，如美国马褂木、日本冷杉、北美红杉、美国红松、日本辛夷、加拿大糖槭、花旗松等。

近年来，树木园逐步完善了入侵物种管理制度、保育栽培规范或操作规程和植物引种收集与迁地保育管理制度，陆续建立植物档案与信息记录、引种栽培植物名录、种子交换名录，并开展植物园间植物、种子交换。（图、文 / 江国治）

## 联系方式 Contacts：

通信地址 Mailing Address：安徽省黄山市汤口镇（黄山风景区南大门）
单位电话 Tel：0559-5564875
传真 Fax：0559-5564875
官方网站 Official Website：http://www.ahlky.com
植物园负责人 Director：方德年
引种负责人 Curator of Living Collections：江国治，379696986@qq.com
信息管理负责人 Plant Records in Charge：方卫华
登录号 Number of Accessions：
栽培保育物种数 Number of Species：ca.400
栽培分类群数量 Number of Taxa：

# 合肥植物园

## Hefei Botanical Garden

**建园时间 Time of Established：1987 年**

**植物园简介 Brief Introduction：**

创建于 1987 年，由合肥市园艺场改建而成。位于安徽省合肥市蜀山区，占地 70.5 $hm^2$，是一座三面环水的半岛园区，是集植物种质资源保育、植物科学知识普及、旅游观光于一体的综合性植物园，与合肥市园林科学研究所合署办公。目前栽培和保育植物 157 科 557 属 2 142 种（含品种），其中珍稀濒危植物 29 种，如连香树、秤锤树、银鹊树、杜仲、乐东拟单性木兰、黄山木兰、大别山五针松、南方红豆杉、天目木姜子和琅琊榆等。拥有梅园、桂花园、竹园、木兰园、石榴园、水景园、园林植物示范区、秋景园、盆景园、树木园等 11 个植物专类园和三叠泉、天下第一磬、湖滨绿色走廊、艺梅馆等景区，重点收集梅花、蜡梅、桂花、玉兰、海棠、樱花、月季、石榴、荷花睡莲等观赏植物品种，培育登录新品种 4 个，包括荷花新品种包括荷花新品种‘凌云’‘庐州红莲’‘庐州粉莲’、桂花新品种‘庐州黄’。平均每季度举办 1~2 次大型植物花展。有保育栽培规范或操作规程和植物引种收集与迁地保育管理制度，缺乏引种记录和植物登录管理，无计算机植物记录系统，有物候记录和引种栽培植物名录。合肥植物园是合肥市风景园林学会挂靠单位。（图、文 / 詹双侯）

## 联系方式 Contacts:

通信地址 Mailing Address：合肥市环湖东路 123 号

单位电话 Tel：0551-65315007

传真 Fax：0551-65315007

官方网站 Official Website：http://www.hefeibg.com

植物园负责人 Director：周耘峰，0551-65319155，zyf12@126.com

引种负责人 Curator of Living Collections：童效平，0551-65319287，tongxphfbg@163.com

信息管理负责人 Plant Records in Charge：杨萍萍，0551-65312510，HeFeiBG@126.com

登录号 Number of Accessions：

栽培保育物种数 Number of Species：1 026

栽培分类群数量 Number of Taxa：2 142

# 福州植物园

## Fuzhou Botanical Garden

**建园时间 Time of Established：1959 年**

**植物园简介 Brief Introduction：**

创建于 1959 年，原名福建省福州树木园，1988 年改名“福州森林公园”，1993 年升级为国家级森林公园，是福建省首家国家级森林公园。2006 年，与福州北峰林场、宦溪林场合并，改名“福州植物园”，同时加挂“福州国家森林公园”。占地约 2 890 $hm^2$，建有榕树园、珍稀植物园、苏铁园、桃花园、樱花园、棕榈园、紫薇园、竹类观赏园、树木观赏园、阴生植物园、豆目山茶园、姜园等 14 个专类园，收集植物 250 科 1 261 属 5 125 种（含种下分类单位）。其中蕨类植物 39 科 147 种，裸子植物 11 科 114 种，被子植物 200 科 4 864 种，国家重点保护野生植物名录植物 150 余种、中国特有和地方特有植物约 30 种。有引种记录和物候记录，有《种子交换名录》，近 5 年交换植物 70 种。推广园林观赏植物 200 多种。

## 联系方式 Contacts：


通信地址 Mailing Address：福州市晋安区新店上赤桥 4 号福州植物园

单位电话 Tel：0591-87916444

传真 Fax：0591-87916444

植物园负责人 Directors：黄以平， 连巧霞；591289534@qq.com

引种负责人 Curator of Living Collections：庄莉彬，459478564@qq.com

信息管理负责人 Plant Records in Charge：晏琴梅


登录号 Number of Accessions：

栽培保育物种数 Number of Species：5 000

栽培分类群数量 Number of Taxa：5 125

# 厦门华侨亚热带植物引种园

# Xiamen Overseas Chinese Subtropical Plant Introduction Garden

**建园时间 Time of Established：1959 年**

**植物园简介 Brief Introduction：**

创建于 1959 年。先后隶属于中科院华东亚热带植物研究所、厦门市科技局、鼓浪屿风景名胜区管理委员会，现隶属于厦门市科技局，业务主管部门为福建省亚热带植物研究所。建园以来引种植物数量共 2 000 号，栽培保育植物 2 000 种，其中建有热带亚热带果树专类园区、特色药用植物园区、凤梨竹芋馆 3 个专类园区，重要的植物收集有经济林木、香饮植物、珍稀热带兰花、珍稀热带植物和阴生植物等。有保育栽培规范或操作规程和植物引种收集与迁地保育管理制度。

## 联系方式 Contacts：

通信地址 Mailing Address：厦门市鼓浪屿鼓声路 4 号
单位电话 Tel：0592-2063336
传真 Fax：0592-2061150
官方网站 Official Website：http://www.hqgarden.com
植物园负责人 Director：康龙泉，0592-2069983
引种负责人 Curator of Living Collections：梁诗，0592-2065016
信息管理负责人 Plant Records in Charge：何丽娟，0592-2069532
登录号 Number of Accessions：ca.2 000
栽培保育物种数 Number of Species：ca.2 000
栽培分类群数量 Number of Taxa：2 160

# 厦门园林植物园

## Xiamen Botanical Garden

**建园时间 Time of Established：1960 年**

**植物园简介 Brief Introduction：**

始建于 1960 年，占地 493 $hm^2$，位于福建省厦门市，隶属于厦门市市政园林局。是福建省第一个植物园，集植物景观、自然景观、人文景观于一体。现有松杉园、裸子植物区、棕榈岛、蔷薇园、沙生植物区、雨林世界、花卉园、藤本区等特色专类园 15 个，收集有迁地保育植物 6 300 多种植物（含品种），优势类群有棕榈科、仙人掌科、苏铁科、多肉多浆植物和藤本植物等。迁地保育栽培珍稀濒危植物约 150 种、中国特有和地方特有植物约 100 种。有植物引种收集与迁地保育管理制度，有《引种栽培植物名录》和计算机植物记录系统；印刷有《种子交换名录》，近 5 年交换植物 818 种；培育新品种 5 个，获授权新品种 3 个，推广园林观赏植物约 500 种。

## 联系方式 Contacts：

通信地址 Mailing Address：福建省厦门市思明区虎园路 25 号

单位电话 Tel：0592-2024785

传真 Fax：0592-2029402

官方网站 Official Website：http://www.xiamenbg.com

植物园负责人 Director：张万旗，601517900@qq.com

引种负责人 Curator of Living Collections：刘与明，liuym0057@sina.com

信息管理负责人 Plant Records in Charge：蔡邦平，cbangping@163.com

登录号 Number of Accessions：12 800

栽培保育物种数 Number of Species：6 852

栽培分类群数量 Number of Taxa：

# 福建农林大学教学植物园

# Teaching Botanical Garden of Fujian Agriculture and Forestry University

**建园时间 Time of Established：2011 年**

**植物园简介 Brief Introduction：**

总占地面积 3 693 $hm^2$，跨越福州、南平、三明、漳州、泉州 5 市南亚热带、中亚热带地区。海拔高度从几近海平面至 1 000 m 以上，有丘陵、山地、平原、沟谷、岛屿等地形地貌。栽培展示高等维管植物 214 科 1 061 属 2 676 种（含变种、亚种、变型），原生种 1 275 种。其中蕨类植物 30 科 36 属 45 种 2 变种，裸子植物 10 科 31 属 59 种 10 变种，被子植物 174 科 994 属 2 433 种 105 变种 9 亚种 13 变型，《中国植物红皮书》《国家重点保护野生植物名录（第一批）》收录的植物有 61 种 3 变种 1 亚种。建有中华名特优植物园、森林兰苑、菌草园、茶品种园、油茶品种园、百竹园、甘蔗品种园、麻类品种园、蕉类园等特色专类园。

## 联系方式 Contacts：

通信地址 Mailing Address：福建省福州市仓山区上下店路 15 号
单位电话 Tel：0591-83789865
官方网站 Official Website：http://flora.fafu.edu.cn
植物园负责人 Director：陈世品，fjcsp@126.com
引种负责人 Curator of Living Collections：官文栩，624748495@qq.com
信息管理负责人 Plant Records in Charge：吴沙沙，shashawu1984@126.com

登录号 Number of Accessions：
栽培保育物种数 Number of Species：1 656
栽培分类群数量 Number of Taxa：2 676

# 民勤沙生植物园

## Minqin Desert Botanical Garden

**建园时间 Time of Established：1974 年**

**植物园简介 Brief Introduction：**

位于甘肃省民勤县巴丹吉林沙漠东南缘，占地面积 94 hm²，隶属于甘肃省治沙研究所。是我国第一座荒漠植物园，以沙旱生植物引种驯化和栽培选育为核心任务，以植物研究、保育和开发为主要方向，为沙区植被恢复与重建、植物资源保护与利用提供种质资源和技术支撑。现引种栽培和保存沙旱生和中生植物 660 种，其中国家Ⅱ、Ⅲ级保护植物 26 种。建有柽柳、锦鸡儿、沙拐枣、麻黄、沙枣、文冠果、牡丹、枣树等 8 个植物专属区和荒漠植物活体标本园、荒漠药用植物园、荒漠植物功能园、荒漠经济林果园、针叶树种园、乔木树种园、珍稀濒危植物园、国外植物引种园等 8 个种质资源保存区，以及治沙科技成果展览室、荒漠动物标本展览室、荒漠植物和种子标本室。先后引种、保护和筛选出了新疆杨、沙冬青、樟子松、柠条锦鸡儿、梭梭、沙木蓼、多枝柽柳等适宜沙区造林和固沙的优良沙旱生植物 30 余种，并在荒漠区进行了大面积推广，取得了良好的生态效益。发表相关论文 100 余篇，撰写并出版相关专著 6 部，积累了梭梭、沙拐枣、沙枣、花棒等 80 多种植物 30 多年的蒸腾耗水资料，同国内外 40 多家植物园和科研院校长期保持种质资源交换和信息合作交流，是集科研、种质资源保护与开发、生态旅游、教学实习和科普宣传为一体的综合型科研基地。有引种记录、植物登录、繁殖记录和物候记录管理与计算机植物记录系统，有引种栽培植物名录和《种子交换名录》，近 5 年交换植物 660 种；推广园林观赏植物 80 多种、沙漠固沙植物 200 种。（文 / 姜生秀，图 / 郭树江）

## 联系方式 Contacts：

通信地址 Mailing Address：甘肃省民勤县薛百乡甘肃省民勤治沙综合试验站，邮编 733300；兰州市北滨河西路 390 号，邮编 730070

单位电话 Tel： 0931-7686822

传真 Fax：0935-4231346，0931-7686822

官方网站 Official Website：http://www.gsdcri.com

植物园负责人 Director：李昌龙，lichlong1998@163.com

引种负责人 Curator of Living Collections： 姜生秀，yanyunjiang1987@163.com

信息管理负责人 Plant Records in Charge： 吴昊，wuhao4832@163.com

登录号 Number of Accessions：

栽培保育物种数 Number of Species：642

栽培分类群数量 Number of Taxa：660

# 麦积植物园

## Maiji Botanical Garden

**建园时间 Time of Established：1982 年**

**植物园简介 Brief Introduction：**

1982 年创建，原名麦积树木园，1990 年更名为麦积植物园。隶属于甘肃省小陇山林业实验局，1987 年正式对外开放，1993 年被省林业厅批准为省级森林公园，1997 年 12 月被批准为麦积国家级森林公园，现名为麦积国家森林公园植物园景区。主要任务是引种、驯化保护秦岭地区的植物种类，开展了小陇山林区植物资源的调查和保护研究、建园技术研究、植物引种技术研究、稀有濒危植物保护研究及植物资源开发利用。园区总面积 372 $hm^2$，建有松柏区、阔叶树区、乡土树种区、牡丹园、玉兰园等植物专类园区 11 个，栽培种植乔灌木 900 多种、草本植物 1 300 多种，其中国家级濒危植物 45 种，国外植物 38 种，牡丹品种 103 个，月季品种 201 个，芍药品种 34 个。编著有《甘肃省小陇山高等植物志》《天水植物名录》《天水植被》《天水市小陇山林区药用植物手册》等专著；发表植物资源调查、引种栽培及开发利用方面的论文 20 余篇。麦积植物园是开展树木研究、促进与国内外科研院所和大专院校合作交流、进行科普教育的综合实验基地。有植物引种收集与迁地保育管理制度、植物引种记录，逐步建立迁地保育管理记录和档案信息管理。（文 / 陈江全，图 / 乔理）

## 联系方式 Contacts:

通信地址 Mailing Address：甘肃省天水市麦积区麦积镇，邮编 741020

单位电话 Tel：0938-2231029

传真 Fax：0938-2231025

官方网站 Official Website：http://www.xlsly.com, http://www.xlsly.com/Home/Subsite/index/subsiteid/113.html

植物园负责人 Director：王英

引种负责人 Curator of Living Collections：孙建兴，sunzhouxin388@163.com

信息管理负责人 Plant Records in Charge：陈江全，longlinren@126.com

登录号 Number of Accessions：

栽培保育物种数 Number of Species：942

栽培分类群数量 Number of Taxa：ca.2 200

# 兰州树木园

## Lanzhou Arboretum

**建园时间 Time of Established：1989 年**

**植物园简介 Brief Introduction：**

是在原兰州南北两山干旱荒山初步绿化的基础上创建的，由兰州市编委批准成立的科级建制的全额拨款事业单位，隶属于兰州南北两山环境绿化工程指挥部，坐落于兰州市北山最高峰九州台山下。定位于荒山绿化治理及其研究，主要引种驯化优良绿化植物，筛选西北地区沙生和旱生绿化树种，开展兰州市南北两山荒山绿化治理。现有绿化管护面积 153.3 $hm^2$，树木园面积 52 $hm^2$，建有侧柏园、牡丹园、云杉园、雪松园、沙生园、沙棘园、柳树园、红柳园等 8 个专类园区，栽培种植植物 50 科 77 属 223 种（含种下分类单元），各类树木约 55 万株，主要以兰州南北两山主栽树种侧柏、甘蒙柽柳居多，栽培了银杏、水杉、雪松、合欢、柏类、甘肃紫斑牡丹、美国凌霄、木槿、金银花、西府海棠、陕西刚竹和紫藤等珍稀名贵观赏植物。2000 年挂牌“兰州市南北两山绿化技术推广服务中心”，定期对两山各承包单位绿化人员进行技术培训，承担技术咨询，为重点荒山荒坡的绿化提供优良树种及技术措施和科技示范。推广应用刺柏、侧柏、云杉、雪松、油松、苜蓿等绿化观赏植物约 10 种。（图、文 / 火菊梅）

## 联系方式 Contacts：

通信地址 Mailing Address：兰州市安宁区罗九公路，邮编730070

单位电话 Tel：0931-7759308

传真 Fax：0931-7759301

官方网站 Official Website：http://lslhzhb.lanzhou.gov.cn

植物园负责人 Director：路宝军

引种负责人 Curator of Living Collections：吴学宏，1220934213@QQ.com

信息管理负责人 Plant Records in Charge：火菊梅，1004158261@qq.com

登录号 Number of Accessions：

栽培保育物种数 Number of Species：207

栽培分类群数量 Number of Taxa：223

# 兰州植物园

## Lanzhou Botanical Garden

**建园时间 Time of Established：2008 年**

**植物园简介 Brief Introduction：**

位于兰州安宁区安宁西路，前身为兰州市施家湾苗圃，规划总面积 63.75 $hm^2$，现有面积约 38.33 $hm^2$。目前已完成道路系统、主入口广场、游客服务中心等配套基础设施以及玉兰园、竹园、海棠园、樱梅园、忍冬园、松柏园、牡丹园、珍稀园、月季园等 10 个专类园的建设，收集保存豆科、蔷薇科、木兰科、忍冬科、木樨科、松柏科、禾本科、毛茛科、卫矛科和槭树科等适生树种及地被花卉 48 科 65 属 380 余种，栽培种植有红豆杉、粗榧、冷杉、水杉、油麦吊云杉、银杏、连香树、马褂木、水青树等珍稀品种，玉兰、樱花、杏梅、海棠、丁香、榆叶梅、牡丹、芍药等观赏植物，新引进英国冬青、枫香、紫薇、银红槭、挪威槭、观赏海棠、重瓣白樱花、合欢、龙珠碧桃、金叶复叶槭、郁香忍冬、蓝叶忍冬、火焰卫矛等 80 余个种（含品种），建成后植物种类将达到 600 种。自 2008 年起，每年 9~10 月举办金秋迎国庆菊花展，是兰州市在国庆节期间的重要花事活动，承担了多项市级科技攻关项目和省级苗木引种专项课题，推广应用了银杏、紫叶李、玉兰等观赏植物 158 种，以及三叶地锦、小叶扶芳藤、南蛇藤等藤本植物应用。按照总体规划，兰州植物园将建成一个传统与现代相结合、科研科普与休闲相结合、植物种质资源保存与科研开发相结合的反映现代植物研究成果和方向、凸现西北地域特色的城市植物园。（图、文 / 杨永花）

## 联系方式 Contacts：

通信地址 Mailing Address：甘肃省兰州市安宁区安宁西路兰州植物园

单位电话 Tel：0931-7650250

传真 Fax：0931-7666798

官方网站 Official Website：http://ylj.lanzhou.gov.cn/xxgk_849/xsdw/201112/t20111210_66424.htm

官方邮件地址 Official Email：gsslzzwy@163.com

植物园负责人 Director：杨振坤，0931-7666798，1246783135@qq.com

引种负责人 Curator of Living Collections：杨永花，0931-7613550，1147310992@qq.com

信息管理负责人 Plant Records in Charge：陆娟，0931-7613550，59726507@qq.com

登录号 Number of Accessions：

栽培保育物种数 Number of Species：ca.300

栽培分类群数量 Number of Taxa：ca.300

# 中国科学院华南植物园

# South China Botanical Garden, Chinese Academy of Sciences

**建园时间 Time of Established：1929 年**

**植物园简介 Brief Introduction：**

创建于 1929 年，前身为国立中山大学农林植物研究所，1954 年改隶中国科学院易名为中国科学院华南植物研究所，2003 年 10 月更名为中国科学院华南植物园，是我国面积最大的植物园和最重要的植物种质资源保育基地之一。全园由 3 个园区组成：植物迁地保护园区占地 282.5 hm$^2$，建有现代化展览温室群、科普信息中心、“羊城八景”龙洞琪林，以及木兰园、棕榈园、姜园等 37 个专类园区，迁地保育植物约 14 000 余种 14 500 个分类群，活植物登录数 32 123 号；其中木兰园保育物种 274 种，代表性物种有焕镛木、华盖木等国家 I 级重点保护野生植物，观光木、合果木等国家 II 级重点保护野生植物，是世界木兰中心；竹园保育物种 300 多种，有国家 II 级重点保护野生植物酸竹，中国特有植物筇竹、单枝竹、秀英竹、林佴竹等以及观赏和食用竹类人面竹、紫竹、方竹、小琴丝竹和云南甜竹等；姜园收集保存植物 307 种，收集保存国家 II 级重点保护野生植物茴香砂仁，珍稀濒危植物兰花蕉，观赏花卉闭鞘姜属、山姜属、蝎尾蕉属；芭蕉属、地涌金莲以及重要南药春砂仁、郁金、土田七、益智等。科学研究园区占地 36.8 hm$^2$，拥有植物科学、生态及环境科学、农业及资源植物以及分子生物分析及遗传改良四大研究中心，馆藏标本接近 110 万号的植物标本馆、专业书刊 20 余万册的图书馆、计算机信息网络中心、公共实验室等支撑系统；鼎湖山国家级自然保护区建于 1956 年，占地面积 115.3 hm$^2$，是我国第一个自然保护区和中科院目前唯一的自然保护区，就地保育植物 2 400 多种。华南植物园还拥有广东鼎湖山森林生态系统野

## 中国植物园

**The Chinese Botanical Gardens**

外科学观测研究站、广东鹤山森林生态系统国家野外科学观测研究站和小良热带海岸带退化生态系统恢复与重建定位研究站等一批野外生态观测研究站点；拥有中国科学院植物资源保护与可持续利用重点实验室、中国科学院退化生态系统植被恢复与管理重点实验室、中国科学院华南农业植物分子分析与遗传改良重点实验室、广东省数字植物园重点实验室、广东省应用植物学重点实验室、广东省特色植物资源开发工程技术研究中心、广东省种质资源库以及华南植物鉴定中心等科研平台。同时，华南植物园还是国际植物园保护联盟（BGCI）中国办公室、国际植物园协会（IABG）秘书处挂靠单位以及广东省植物学会、广东省植物生理学会、广东省生态学会挂靠单位。

## 联系方式 Contacts:

通信地址 Mailing Address：广州市天河区兴科路 723 号，广州市天河区天源路 1190 号

单位电话 Tel：020-37252711

传真 Fax：020-37252711

官方网站 Official Website：http://www.scbg.cas.cn

植物园负责人 Director：任海，020-37252916，renhai@scbg.ac.cn

引种负责人 Curator of Living Collections：宁祖林，020-85231900，ningzulin@163.com

信息管理负责人 Plant Records in Charge：张奕奇，020-85231968，zyq.cn@qq.com

登录号 Number of Accessions：32 123

栽培保育物种数 Number of Species：14 000

栽培分类群数量 Number of Taxa：14 500

# 南亚热带植物园

## South Subtropical Botanical Garden

**建园时间 Time of Established：1954 年**

**植物园简介 Brief Introduction：**

位于广东湛江，隶属于中国热带农业科学院南亚热带作物研究所，是集科研、科普、旅游一体化的单位，是“全国科普教育基地”“全国休闲农业与乡村旅游示范基地”“广东省环境保护教育基地”“广东省自然学院试点学校”，是我国南亚热带作物重要的科研基地。植物园景色迷人，四季花果飘香。目前有热带植物 1 000 多种，建立专类园区 10 个，保育珍稀濒危植物 300 余种，是国家种子资源库，有丰富的热带植物资源及专业人员。植物园开设自然课堂：开启神奇植物的探寻之旅，寻找神奇的改变味觉的神秘果，世界最毒的植物之一“见血封喉”，捉虫植物猪笼草，抗癌植物喜树，认识 400 多种形态各异的沙漠植物和热带花卉。

## 联系方式 Contacts：

通信地址 Mailing Address：广东省湛江市麻章区湖秀路 1 号，南亚热带作物研究所南亚热带植物园
单位电话 Tel：0759-2859140
传真 Fax：0759-2859140
官方邮件地址 Official Email: 405189052@qq.com
植物园负责人 Director：陈明侃，0759-2859140，405189052@qq.com
引种负责人 Curator of Living Collections：冯海燕，0759-2859140，1227849171@qq.com
信息管理负责人 Plant Records in Charge：蒋美兰，0759-2859140，441014090@qq.com
登录号 Number of Accessions：
栽培保育物种数 Number of Species：322
栽培分类群数量 Number of Taxa：

# 中国科学院华南植物园鼎湖山树木园

# Dinghushan Arboretum of South China Botanical Garden, Chinese Academy of Sciences

**建园时间 Time of Established：1956 年**

**植物园简介 Brief Introduction：**

1956 年 6 月，华南植物研究所接收了国营高要林场范围内的 1 154.7 hm$^2$ 自然林，建立起鼎湖山自然保护区，由中国科学院华南植物研究所鼎湖山树木园负责管理。1966 年至 1976 年，鼎湖山树木园下放至肇庆地区，1967 年至 1969 年 10 月，鼎湖山树木园由肇庆专区革命委员会生产组林业服务站管理；1969 年 11 月，与鼎湖旅行社等单位合并成为“五七”干校；1972 年 1 月至 1973 年 1 月，转属肇庆地区林业处；1973 年 2 月至 1974 年 3 月，转由肇庆星湖旅游管理处管理，并改名为肇庆鼎湖树木园。1974 年，鼎湖山树木园重新隶属广东省植物研究所，但实行省地双重领导。1978 年，广东省植物研究所复名为中国科学院华南植物研究所，鼎湖山树木园也因此重新归为中国科学院华南植物研究所管理。1988 年 10 月，为了加强鼎湖山自然保护区管理机构的效能，经华南植物研究所同意，设立鼎湖山自然保护区管理处，管理鼎湖山树木园。1999 年 6 月，更名为鼎湖山国家级自然保护区管理局。2013 年 4 月，中国科学院与环境保护部签署《中国科学院、环境保护部共建广东鼎湖山国家级自然保护区协议书》。鼎湖山树木园主要以就地保护为主，隶属于中国科学院华南植物园，鼎湖山是我国第一个自然保护区，1979 年成为我国首批纳入联合国教科文组织人与生物圈（MAB）保护区网的成员，其南亚热带典型地带性植被季风常绿阔叶林有 400 多年的历史，是华南地区生物多样性最富集的地区之一，分布有野生高等植物 1 972 种、栽培植物 380 种。其中属国家重点保护野生植物有 47 种，有 48 种植物模式标本产自鼎湖山，建有竹园、杜鹃园、药园、茶园等专类园。

## 联系方式 Contacts：

通信地址 Mailing Address：广东省肇庆市鼎湖区鼎湖山树木园，邮编 526070

单位电话 Tel：0758-2621116

传真 Fax：0758-2621116

官方网站 Official Website：http://www.dhs.scib.cas.cn

官方邮件地址 Official Email: dhs@scbg.ac.cn

树木园负责人 Director：叶清，qye@scbg.ac.cn

引种负责人 Curator of Living Collections：欧阳学军，0758-2625042，ouyxj@scbg.ac.cn

信息管理负责人 Plant Records in Charge：宋柱秋，0758-2624396，songzhuqiu@scbg.ac.cn

登录号 Number of Accessions：

栽培保育物种数 Number of Species：2 400

栽培分类群数量 Number of Taxa：2 408

# 广东树木公园

## Guangdong Tree Specimens Garden

**建园时间 Time of Established：1958 年**

**植物园／树木园简介 Brief Introduction：**

建于 1958 年，占地面积 20 $hm^2$。园区绿树成荫、树种资源丰富，园内有树木标本区、珍贵速生树种区、文体娱乐区、水景区、木材及腊叶标本馆、国家重点实验室、现代组培车间等，是集生态旅游、健身娱乐、科普教育于一体的树木标本园。树木园迄今共引种和收集保存树种 113 科 459 属 1 104 种，其中裸子植物有 8 科 23 属 73 种、被子植物有 105 科 436 属 1 031 种，国家级重点保护树种 56 种，省级重点保护野生树种 12 种，为广东省树木种类最多的树木园；腊叶标本馆目前储藏标本 8 344 号共 214 科 977 属 2 362 种；木材标本馆收藏 420 科 1 227 属 2 598 种 30 000 多份，木材显微切片标本 400 多种，引进和交换国外不同种和不同产地标本 1 748 种；广东省森林培育与保护利用重点实验室是广东省林业行业唯一的省部级重点实验室，面积 4 000 $m^2$。经过多年的升级改造，打造成为具有岭南特色的树木公园，年接待游客超过 10 万人次，是华南农业大学等大中小学校的教学基地。2005 年被中国林学会授予“全国林业科普基地”；2008 年被广州市人民政府授予科学技术科普基地，2015 年，被广东省科技厅、宣传部、教育厅认定为“广东省青少年科技教育基地”。

## 联系方式 Contacts：

通信地址 Mailing Address：广州市天河区广汕一路 233 号
单位电话 Tel：020-87031073
传真 Fax：020-87031245
官方网站 Official Website：http://www.sinogaf.com
植物园负责人 Director：郭乐东，020-87021073
引种负责人 Curator of Living Collections：何春梅，020-87028081，020-87028080
信息管理负责人 Plant Records in Charge：廖焕琴，020-87033558
登录号 Number of Accessions：2 319
栽培保育物种数 Number of Species：1 104
栽培分类群数量 Number of Taxa：1 237

# 华南农业大学树木园

# Arboretum of South China Agricultural University

**建园时间 Time of Established：1972 年**

**植物园简介 Brief Introduction：**

创建于 1972 年，现有维管植物 171 科 608 属 1 200 种，其中蕨类植物有 28 种，隶属 17 科 18 属；裸子植物 48 种，隶属 9 科 25 属；双子叶植物 849 种，隶属 124 科 443 属；单子叶植物 277 种，隶属 21 科 122 属。目前引种的稀有濒危植物有 46 科 75 属 88 种(含 2 个变种 1 个亚种)，其中蕨类植物 3 科 3 属 3 种，裸子植物 7 科 13 属 19 种，被子植物 36 科 59 属 66 种，濒危 14 种，渐危 49 种，稀有 25 种。园内引种的国家重点保护的植物共有 35 科 39 属 58 种(含 2 个变种 1 个亚种)，其中蕨类植物 4 科 4 属 4 种，裸子植物 6 科 9 属 17 种，被子植物 25 科 26 属 37 种；国家 I 级重点保护植物 15 种，国家 II 级重点保护植物 43 种。

## 联系方式 Contacts：

通信地址 Mailing Address：广州市天河区五山路 483 号，华南农业大学教学科研基地管理中心

官方网站 Official Website：http://www.scau.edu.cn

单位电话 Tel：020-85280256

官方邮件地址 Official Email：Webmaster@scau.edu.cn

植物园负责人 Director：谢正生

引种负责人 Curator of Living Collections：冯志坚

信息管理负责人 Plant Records in Charge：郑明轩

登录号 Number of Accessions：

栽培保育物种数 Number of Species：1 200

栽培分类群数量 Number of Taxa：

# 中国科学院深圳市仙湖植物园
# Shenzhen Fairylake Botanical Garden, Chinese Academy of Sciences

**建园时间 Time of Established：1983 年**

**植物园简介 Brief Introduction：**

位于深圳市罗湖区东郊，东倚梧桐山，西临深圳水库，占地 546 $hm^2$。始建于 1983 年，1988 年 5 月 1 日正式对外开放。是由深圳市政府与中国科学院共建的一所专注于热带、亚热带植物种质资源保存，开展高水平的植物学研究，开展创新科普教育为城市园林绿化提供技术支撑的综合性植物园。建有国家苏铁种质资源保护中心、荫生植物区、蝶谷幽兰、沙漠植物区、孢子植物区、裸子植物区、药用植物区、引种区、竹区、珍稀树木园、盆景园、木兰园、棕榈园、百果园、水景园、桃花园、紫薇园等 21 个植物专类园，以及全国首座以古生物命名的自然类博物馆——深圳古生物博物馆。共收集植物 12 000 余种，其中苏铁植物 240 种，代表性物种有德保苏铁、多歧苏铁、仙湖苏铁；棕榈科植物 190 种，代表性物种有大王椰、琼棕、霸王棕、桄榔、双子棕；裸子植物 100 种，代表性物种有长叶南洋杉、长叶竹柏、油杉、日本香柏、长叶松等；木兰科植物 140 种，代表性物种有华盖木、二乔玉兰、香籽含笑、观光木等。

## 联系方式 Contacts：

通信地址 Mailing Address：深圳市罗湖区莲塘仙湖路 160 号
单位电话 Tel：0755-25738430
官方网站 Official Website：http://www.szbg.ac.cn
官方邮件地址 Official Email：1710832824@qq.com
植物园负责人 Directors：张国宏，0755-25709839；张寿洲
引种负责人 Curator of Living Collections：王晖，470778041@qq.com
信息管理负责人 Plant Records in Charge：邱志敬，52474923@qq.com
登录号 Number of Accessions：10 585
栽培保育物种数 Number of Species：12 100
栽培分类群数量 Number of Taxa：

# 东莞植物园

## Dongguan Botanical Garden

**建园时间 Time of Established：1998 年**

**植物园简介 Brief Introduction：**

位于广东省东莞市南城区，前身是 1958 年成立的“东莞市板岭林场”，1986 年改为“东莞市板岭园艺场”，1998 年改为“东莞市植物园”，2006 年“东莞市植物园”与“绿色世界城市公园”合并更名为“东莞植物园”，划归东莞市城市综合管理局，为公益性一类事业单位，正科级建制。总面积 425 $hm^2$，新园区规划面积 201 $hm^2$，新园区是在原“绿色世界城市公园”的基础上进行规划建设，于 2016 年 8 月动工建设，建有世界名树名花园、儿童植物园、芳香植物园、荔枝园、莞香园、兰花园、草药园、茶花园、岭南树木园、岩生植物园、引种驯化园、彩叶园、橡胶文化园等植物专类园区。东莞植物园的定位是以“植物保育、生态旅游、科普教育”为主要功能的景观性植物园。着重收集国内外特色植物种类和园林园艺植物种类，富集世界荔枝品种资源（代表性收集），营造世界名树名花博览景观、荔枝大观园景观和岩生植物景观，打造成东莞的生态名片、文化名片和旅游精品。园内现保存植物 209 科 3 200 种 3 300 个分类群，登录植物 4 831 号。

## 联系方式 Contacts：

通信地址 Mailing Address：广东省东莞市南城区绿色路 99 号
单位电话 Tel：0769-22985836
传真 Fax：0769-22985836
官方邮件地址 Official Email: dgszwy@163.com
植物园负责人 Director：伍勇，0769-22985836，dgszwy@163.com
引种负责人 Curator of Living Collections：卓书斌，0769-22985031，sbz64@tom.com
信息管理负责人 Plant Records in Charge：冯欣欣，0769-22985002，1037758218 @qq.com

登录号 Number of Accessions：4 831
栽培保育物种数 Number of Species：3 200
栽培分类群数量 Number of Taxa：3 300

# 中山树木园

## Zhongshan Arboretum

**建园时间 Time of Established：2003 年**

**植物园简介 Brief Introduction：**

前身为中山树木标本园。2003 年 7 月由中山市科技局正式立项，2005 年 8 月，《中山市中山树木园总体规划》通过专家论证，“中山树木标本园”被正式更命为“中山树木园”。位于中山市城区南郊，占地总面积 111.6 $hm^2$。是以植物系统进化顺序进行布局，集科研、科普、种质资源基因保存、生态观光和休闲健身等于一体的社会公益性专题园。园区根据功能的不同，划分为科普专类园区、苗圃示范区、特色科属种质资源保存区、生态林建设示范区和入口管理区等 5 个功能区，目前已建成包含木兰园、湿生植物区、系统分类区、竹园、木本药用粮油植物小区、国家重点保护与珍稀濒危植物区、杜鹃园、桃花谷、樟园、壳斗园、山茶园、金花茶园等 12 个专类园区，已收集、引种标本树种 111 科 832 属 2 027 种。其中木兰园引种木兰科植物 9 属 95 种，包含国家Ⅰ级保护植物焕镛木、华盖木及国家Ⅱ级保护植物鹅掌楸、凹叶厚朴、厚朴、宝华玉兰、观光木、大叶木莲、石碌含笑等 15 种。系统分类区共引种植物 983 种，其中包含国家Ⅰ级保护植物银杏、水杉、珙桐、伯乐树、坡垒、焕镛木等 6 种，国家Ⅱ级保护植物 39 种。杜鹃园现已收集杜鹃 143 种（及品种），其中原生杜鹃 25 种，杜鹃品种 118 种。樟园共栽植樟科植物 15 种，包含紫楠、楠木、闽楠、舟山新木姜子、普陀樟等国家Ⅱ级保护植物 5 种。壳斗园引种了壳斗科植物 28 种（含种下单元）。山茶园已引种山茶属及山茶品种 450 种（含种下单元）。金花茶园已收集金花茶组植物 19 种。国家重点保护与珍稀濒危植物区引种珍稀濒危植物 57 种。

## 联系方式 Contacts：


通信地址 Mailing Address：中山市东区槎桥中山市林科所内

单位电话 Tel：0760-88201061

传真 Fax：0760-88201061

官方邮件地址 Official Email:zsslc@163.com

植物园负责人 Director：蒋谦才，0760-88201061，zsslc@163.com

引种负责人 Curator of Living Collections：孙红梅、廖浩斌，0760-88920450 654041075@qq.com

信息管理负责人 Plant Records in Charge：孙红梅、廖浩斌


登录号 Number of Accessions：

栽培保育物种数 Number of Species：2 027

栽培分类群数量 Number of Taxa：

# 广东药科大学药用植物园

## Medicinal Botanical Garden of Guangdong Pharmaceutical University

**建园时间 Time of Established：2007 年**

**植物园简介 Brief Introduction：**

创建于 2007 年，药用植物园占地 0.7 hm²，集中药材栽培、引种、教学、科研、科普推广、观赏、休闲于一体，园区小路蜿蜒、藤蔓缠绕、草木葱茏。种植药用植物达 400 种。园内有白木香（沉香）、佛手、化橘红、肉桂、何首乌等广东道地药材，同时开展板蓝根、丹参、黄芩等品种的引种栽培。现有维管植物 93 科 400 余种，其中蕨类植物 4 科 4 属 5 种，裸子植物 4 科 4 属 4 种，被子植物 85 科 390 余种。

## 联系方式 Contacts：

通信地址 Mailing Address：广州市广州大学城外环东路280号，广东药科大学

官方网站 Official Website：http://www.gdpu.edu.cn

官方邮件地址 Official Email：342138201@qq.com

植物园负责人 Director：刘基柱

引种负责人 Curator of Living Collections：范润强

信息管理负责人 Plant Records in Charge：王红刚，342138201@qq.com

登录号 Number of Accessions：

栽培保育物种数 Number of Species：ca.400

栽培分类群数量 Number of Taxa：

# 潮州植物园

## Chaozhou Botanical Garden

**建园时间 Time of Established：2008 年**

**植物园简介 Brief Introduction：**

2008 年 3 月《慧如公园总体规划修编》通过专家评审，提出将慧如公园规划为潮州植物园，建议在原慧如公园的基础上加挂“潮州植物园”的牌子。期间从西双版纳植物园、昆明植物园、深圳仙湖植物园、广西植物园引进各类植物 140 多科 1 200 种。建成的专类园有桃花园、杜鹃园；规划的专类园有奇花异木园、珍稀植物园、扶桑花植物园、茶花专类园、龙船花专类园、蝎尾蕉专类园、潮汕民俗植物文化园、东南亚风情植物园、岩生植物园、水生植物园。使植物由原有 200 多种增加到 2 000~3 000 种。

## 联系方式 Contacts：

通信地址 Mailing Address：潮州市湘桥区东山路慧如公园
单位电话 Tel：0768-2502663
传真 Fax：0768-2502663
官方邮件地址 Official Email: huiru-park@163.com
植物园负责人 Director：李志伟
引种负责人 Curator of Living Collections：邱文钊
信息管理负责人 Plant Records in Charge：邱文钊
登录号 Number of Accessions：
栽培保育物种数 Number of Species：
栽培分类群数量 Number of Taxa：1 200

# 广西林科院树木园

## Arboretum of Guangxi Academy of Forestry

**建园时间 Time of Established：1956 年**

**植物园简介 Brief Introduction：**

面积 40 $hm^2$，隶属广西林业科学研究院森林经营研究所，收集保存植物 109 科 379 属 1 300 种，其中有广西著名优良树种油杉、红锥、火力楠等，珍稀树种金丝李、蚬木、格木等，保存扩充了广西优良珍贵树种的种质资源，在建园面积及树种种类的保育上，达到较大的规模，是华南地区林木遗传改良、林木高效栽培、森林生态、经济林培育、森林保护、林木生物工程、特色花卉培育、森林资源利用与加工、生物质及生态能源开发利用林业科研的良好基地。是野生种质资源应用于造林绿化的“桥头堡”，推广红锥、火力楠、湿地松等一批造林绿化树种，丰富广西造林树种，积累丰富的经验与研究资料，可为华南地区育苗造林提供科学依据。

## 联系方式 Contacts：

通信地址 Mailing Address：广西南宁市邕武路 23 号，邮编 530002

单位电话 Tel：0771-2319804，2319990，2319811

官方网站 Official Website: http://www.gxlky.com.cn

官方邮件地址 Official Email: bangs2006@126.com

植物园负责人 Director：安家成，0771-2319804，Lky-bangs@163.com

引种负责人 Curator of Living Collections：蒋燚

信息管理负责人 Plant Records in Charge：梁瑞龙

登录号 Number of Accessions：

栽培保育物种数 Number of Species：1 300

栽培分类群数量 Number of Taxa：

# 广西壮族自治区中国科学院广西植物研究所桂林植物园

# Guilin Botanical Garden of Guangxi Inxtitute of Botany, Chinese Academy of Sciences

**建园时间 Time of Established：1958 年**

**植物园简介 Brief Introduction：**

由著名植物学家陈焕镛和钟济新先生创立，位于广西桂林市雁山区，73 hm²，海拔 180~300 m，地处桂林至阳朔旅游热线上，属中亚热带季风气候区。以岩溶战略性植物资源迁地保护为目标，引种保育石灰岩地区植物、广西特有植物、珍稀濒危植物和重要经济植物等，是集科学研究、物种保存、科普旅游为一体的的综合性植物园。已建成了裸子植物区、棕榈苏铁区、珍稀濒危植物园、杜鹃园、金花茶园、竹园、桂花园、广西特有植物园、喀斯特岩溶植物专类园、中亚热带典型常绿阔叶林生态系统示范园、苦苣苔展示区、秋海棠展示区等 15 个专类园区，收集保存植物 5 100 多种，其中珍稀濒危植物区收集保护珍稀濒危植物 420 多种；建成了中国苦苣苔科植物保育中心，收集展示苦苣苔科植物 300 多种；竹园收集各类竹种 102 种；喀斯特岩溶植物专类园从野外收集岩溶植物 276 种。被授予“全国科普教育基地”“全国青少年科技教育基地”“全国青少年走进科学世界科技活动示范基地”“广西壮族自治区青少年科技教育基地”“桂林市青少年科技教育基地”。

## 联系方式 Contacts：

通信地址 Mailing Address：广西桂林市雁山镇雁山街 85 号，邮编 541006

联系电话 Tel：(+86)773-3550103

传真 Fax：(+86)773-3550067

官方网站 Official Website：http://www.gxib.cn

官方邮件地址 Official Email：Webmaster@gxib.cn

植物园负责人 Director：黄仕训，huangsx@gxib.cn

引种负责人 Curator of Living Collections：韦毅刚，weiyigang@aliyun.com

信息管理负责人 Plant Records in Charge：岑华飞，124924268@qq.com

登录号 Number of Accessions：

栽培保育物种数 Number of Species：4 012

栽培分类群数量 Number of Taxa：5 100

# 广西壮族自治区药用植物园
# Guangxi Medicinal Botanical Garden

**建园时间 Time of Established：1959 年**

**植物园简介 Brief Introduction：**

与广西壮族自治区药用植物研究所合署办公，占地面积 202 $hm^2$，是广西壮族自治区卫生和计划生育委员会直属的公益性事业单位，主要研究内容包括：药用动植物资源收集、保存、展示、科普教育；特色中药资源、民族药资源产品开发、中药材产品质量检测技术与标准研究；中药材产品质量标准起草以及检测服务等。长期致力于药用资源收集保护与开发利用研究，建成了完善的药用资源保护平台，形成了具有世界领先水平的药用植物资源保育体系。广西药用植物园建园至今已保存药用植物物种近 10 000 种，其中腊叶标本保存近 15 万份，活植物保存近 8 000 号，种子保存约 8 000 份 3 000 多种，离体保存 600 种，基因保存近 1 500 份，馏分保存 1 300 种药材 16 000 个馏分。以药用植物物种保存数量和面积被认证为世界“最大的药用植物园”。现建有西南濒危药材资源开发国家工程实验室，药用植物保育实验室、中药材良种选育与繁育实验室 2 个国家中医药管理局三级实验室，广西药用资源保护与遗传改良重点实验室，广西中药材生产工程技术研究中心，中药材标准化技术委员会以及广西中药材产品质量监督检验站及成果转化基地等科学研究平台体系。广西药用植物园正大力弘扬“尊重·合作”的核心价值观，逐步形成以资源保护促进科学研究，以科学研究引领产业发展，以产业发展巩固资源保护的发展模式。广西药用植物园将成为在生物医药研究领域中具有国际影响力的药用植物资源保护、开发与可持续利用的重要场所。

## 联系方式 Contacts：

通信地址 Mailing Address：广西南宁市长堽路 189 号
单位电话 Tel：0771-5611352
传真 Fax：0771-5637328
官方网站 Official Website: http://www.gxyyzwy.com
植物园负责人 Director：缪剑华，0771-5611352，mjh1962@vip.163.com
引种负责人 Curator of Living Collections：余丽莹，黄雪彦
信息管理负责人 Plant Records in Charge：黄丹娜，0771-5601290
登录号 Number of Accessions：20 000
栽培保育物种数 Number of Species：8 000
栽培分类群数量 Number of Taxa：10 000

# 中国林科院热带林业实验中心树木园

# Arboretum of Experimental Center of Tropical Forestry, Chinese Academy of Forestry

**建园时间 Time of Established：1959 年**

**植物园简介 Brief Introduction：**

中国林业科学研究院热带林业实验中心于 1959 年成立了一个以引种热带珍贵用材树种为重点的夏石树木园，1980 年成立了以岩溶石山树种为重点的大青山石山树木园。现已引种、保存树种共 184 科 754 属 1 696 种（含变种和亚种）。其中广西重点保护植物 22 科 33 属 49 种；国家重点保护植物 31 科 55 属 75 种，含国家Ⅰ级保护植物 20 种，Ⅱ级保护植物 55 种，为我国热带、南亚热带地区珍贵树种的发展及石漠化治理储备了许多的优良树种基因资源。夏石种树木园面积 250 $hm^2$，分划为 6 大区：林木引种区、种苗繁育区、引种试验区、中试推广区、针阔混交林与经济林区，现保存树种 138 科 518 属 1 098 种，其中属于国家级保护的珍稀濒危树种 86 种。先后推广了柚木、红椎、米老排、火力楠、香梓楠、山白兰、格木、西南桦等 30 多种具有发展前途的用材树种。

大青山石山树木园面积 36.87 $hm^2$，以引进石山树种为重点的岩溶树木园，先后引进保存树种 118 科，393 属，680 种；其中石山树种 334 种，珍稀濒危树种 76 种。筛选出 50 多个石山优良造林树种，在广西、云南、贵州等省区的石漠化治理中得到了广泛的推广应用，取得了良好的生态、经济和社会效益。

## 联系方式 Contacts：

通信地址 Mailing Address：广西崇左市凭祥市科园路 8 号

邮编：532600

单位电话 Tel：0771-8521331

传真 Fax：0771-8526320

官方网站 Official Website：http://www.rlzx.cn

官方邮件地址 Official Email：rlzxbgs@126.com

植物园负责人 Directors：刘志龙，water345@163.com；陈建全

引种负责人 Curator of Living Collections：陈建全，chjquan0773@163.com

信息管理负责人 Plant Records in Charge：吕广阳

登录号 Number of Accessions：

栽培保育物种数 Number of Species：1 696

栽培分类群数量 Number of Taxa：2 030

# 南宁树木园

## Nanning Arboretum

**建园时间 Time of Established：1963 年**

**植物园简介 Brief Introduction：**

其前身是良凤江植物园，1963 年由原广西林科所管辖，1979 年与南宁示范林场、七坡林场连山分场合并成立南宁树木园，隶属于广西壮族自治区林业厅管辖。1992 申报成立“广西南宁良凤江国家森林公园”。南宁树木园管辖面积 4 200 $hm^2$，其中迁地保护植物核心区占地面积 253.3 $hm^2$，是南宁市南部重要的绿色屏障。树木园建园以来，长期致力于以广西地区树木引种为主的树种迁地保护工作，保存植物 180 科 740 属 1 782 种，其中树木 1 283 种，形成阔叶林、针阔混交林、针叶林、经济林等多种林种结构。1980 年代中期建立了“金花茶基因库”，收集了金花茶品种 21 个，荣获了国家林业部科技进步一等奖。树木园在继续加强植物引种和迁地保护力度的同时，扩大树木园建设规模，开展保护植物回归试验等相关研究，逐步将单一林分的纯桉树林改造成生态优美、生态功能良好、生物多样性丰富的近自然林，为国家生态文明建设作出贡献。建园以来获得林业部科技进步一等奖、广西科技进步三等奖等奖励，发表论文 70 余篇。

## 联系方式 Contacts：

通信地址 Mailing Address：广西壮族自治区南宁市友谊路78号，邮编：530031

单位电话 Tel：0771-2184836，2184991

传真 Fax：0771-4842560

官方网站 Official Website:http：//www.gxliangfengjiang.com

植物园负责人 Director：施福军

引种负责人 Curator of Living Collections：黄松殿，461454946@qq.com；吴道念，58658574@qq.com

信息管理负责人 Plant Records in Charge：刘雪；陈立金，495772589@qq.com

登录号 Number of Accessions：3 000

栽培 / 保育物种数 Number of Species：1 520

栽培分类群数量 Number of Taxa：1 782

# 青秀山森林植物园

## Qingxiushan Forestry Botanical Garden

**建园时间 Time of Established：1985 年**

**植物园简介 Brief Introduction：**

隶属于 1985 年建立的南宁青秀山风景名胜旅游区，2008~2009 年提出南宁青秀山森林植物园可行性报告和南宁青秀山公园总体规划，在青秀山风景区规划青秀山森林植物园及其专类园区。青秀山森林植物园是以生态环境效益为核心，兼顾社会效益和经济效益，集植物保护、科普教育、生态休闲于一体的综合性植物园。规划了芳香植物园、榕荫奇观园、展览温室景区（肉质植物园）、水生植物园、百果园、荫生植物园、蕨类植物园、裸子植物园、藤本植物园、茶园、竹园、珍稀濒危植物园等 28 个专类园区。植物专类园区面积 117.3 $hm^2$，引种保存植物 4 229 种，已建成苏铁园、兰园、广西珍贵树种展示园、雨林大观园、棕榈园、香花园、桃花园专类植物园 7 个。苏铁园目前已收集苏铁种类 40 余种，栽培各类苏铁总数达 6 000 多株，形成了全国最大的篦齿苏铁、石山苏铁、德保苏铁和叉叶苏铁的迁地保护地。棕榈园收集了 70 多种棕榈科植物。广西珍贵树种展示园种植了观赏性高、趣味性强、文化内涵丰富的大规格珍贵树木，如黄花梨、胭脂木、沉香、红豆杉、桫椤、金花茶、火烧花、火果、佛肚树、象腿树、蚬木、格木、铁力木、金丝李、腊肠树、猫尾木、蝴蝶果、无忧花、曼陀罗、神秘果等珍贵和奇特植物。兰园收集兰科植物 363 种。

## 联系方式 Contacts：

通信地址 Mailing Address：广西壮族自治区南宁市凤岭南路6号，南宁青秀山风景名胜旅游区管理委员会。邮编：530029

单位电话 Tel：0771-5560648

传真 Fax：0771-5560648

官方网站 Official Website: http://qsgw.nanning.gov.cn

官 方 邮 件 地 址 Official Email: qxsdzb5560611@126.com,qxsylj@163.com

植 物 园 负 责 人 Director： 蓝 飞，0771-5560611，qxsdzb5560611@126.com

引种负责人 Curator of Living Collections：李德祥，0771-5560646，qxsylj@163.com

信息管理负责人 Plant Records in Charge：欧振飞，0771-5732611

登录号 Number of Accessions：8 200

栽培保育物种数 Number of Species：4 229

栽培分类群数量 Number of Taxa：

# 柳州岩溶植物园

## Liuzhou Karst Botanical Garden

**建园时间 Time of Established：1986 年**

**植物园简介 Brief Introduction：**

隶属于柳州市龙潭公园，其前身为柳州市园林管理处羊角山苗圃，1981 年设立龙潭公园，面积 306 $hm^2$，于 1986 年建园开放。1990 年初成立“柳州岩溶景观植物园筹备处”。1992 年 10 月中科院植物研究所编制的《柳州亚热带岩溶景观植物园总体规划方案》通过专家评审，方案中建议龙潭公园增名为“亚热带岩溶景观植物园”(柳州岩溶植物园)，目的是有效地保存珍稀的植物资源，开展科学研究、科普教育、建立岩溶地区的绿化模式以及发展旅游事业。岩溶植物园突出岩溶地区的植物特色，以亚热带岩溶地区具有较高观赏价值和较高的经济、科研、保护价值的植物为基础，收集、保护珍稀、濒危和特有植物种类，成为有亚热带岩溶景观特色的我国第一个大型岩溶植物园。植物园规划设置岩溶自然植被演替区、岩溶珍稀濒危和特有植物区、岩溶针叶树区、岩石植物区、岩溶红叶区、岩溶经济植物区、岩溶植物标本区以及桂花区、茶类植物区、榕属植物区、月季蔷薇区、南国红豆区、竹类区、藤本和荫生植物区、水生植物区等专类园区。园内及周围石山原始植被保存十分完好，花草树木四季常绿，植被繁茂。建成 8 个专类园区，收集乔木、灌木、藤本植物 175 科 627 属 1 032 种，以台湾相思树、栗类、榕属、棕榈科树种生长最佳。其中药用植物 318 种，材用类植物 95 种，纤维类植物 96 种，芳香油脂植物 50 多种，以及部分绿化观赏植物等。

## 联系方式 Contacts:

通信地址 Mailing Address：广西柳州市龙潭路 43 号，龙潭公园管理处

单位电话 Tel：0772-3171720

传真 Fax：0772-3171720

官方邮件地址 Official Email：Longtanpark@126.com

植物园负责人 Director：黄敬东，0772-3171720

引种负责人 Curator of Living Collections：谢桃结

信息管理负责人 Plant Records in Charge：唐舜鸿

登录号 Number of Accessions：

栽培保育物种数 Number of Species：1 880

栽培分类群数量 Number of Taxa：

# 贵州省植物园

## Guizhou Botanical Garden

**建园时间 Time of Established：1963 年**

**植物园简介 Brief Introduction：**

始建于 1963 年 1 月，原隶属贵州省科委，1979 年划转隶属于贵州省科学院，2007 年增挂“贵州省园林科学研究所”牌子，2014 年增挂“贵州省植物研究所”牌子，实行“三块牌子一套人马”。占地面积 88 hm$^2$，位于贵阳市北郊六冲关，是贵州省唯一专门承担植物科学研究、植物种质资源的保育和科普教育、植物园建设与发展任务的省级综合性公益型事业单位，是调查、采集、鉴定、引种、驯化、保存和推广利用植物资源的科研单位，是我国及贵州省植物多样性保护与利用、植物资源迁地保护的重要园地。自建园以来，一直致力于开展贵州珍稀濒危和特有植物种质资源保育与利用研究，国内外重要经济植物的引种、驯化、栽培和繁殖技术研究以及产业化技术推广和示范。经过 50 余年的发展，已承担完成各类科研项目 100 余项，获国家、省部级科技成果 40 余项，出版学术专著 20 余部，在国内外学术期刊上发表研究论文 400 多篇。收集保育植物 3 000 余种，目前存活植物 2 000 余种（包含品种），建有专类园区 12 个，初步形成亚热带高原山区植物生物多样性保护研究与植物种质资源保育的“活基因库”，出版《贵州特有及稀有植物》等专著，被命名为“全国科普教育基地”“全国青年科技创新教育基地”“贵州省青少年科技教育基地”“贵州省青年科技创新教育基地”等。现有职工 62 人，其中正高级职称 3 人，副高级职称 13 人；博士 1 人，在读博士 3 人，硕士 24 人。

## 联系方式 Contacts：

通信地址 Mailing Address：贵阳市鹿冲关路 86 号
单位电话 Tel：0851-86762512
传真 Fax：0851-86762512
官方网站 Official Website：http://www.gzszwy.org.cn
植物园负责人 Director：周庆，zq079@163.com
引种负责人 Curator of Living Collections：汤升虎，349586493@qq.com
信息管理负责人 Plant Records in Charge：李飒，549514188@qq.com
登录号 Number of Accessions：3 520
栽培保育物种数 Number of Species：1 880
栽培分类群数量 Number of Taxa：2 855

# 贵州林科院树木园

# Arboretum of Guizhou Academy of Forestry

**建园时间 Time of Established：1963 年**

**植物园简介 Brief Introduction：**

1959 年贵州省林业科学研究院（所）成立时，就规划建立树木标本园，1961 年开始少量引种工作，1963 年开始筹建树木园，曾遭毁坏，1974 年树木园建设走上正轨，1978 年将树木园建设正式列为课题，作规范性的引种研究。树木园经几代人的努力，至今已初具规模，建成了占地面积 13.3 $hm^2$，收集保存 400 余种树木基因库，现由贵州省林业科学研究院园林所管理。树木园划为裸子区、被子区、标本区、苗圃区 4 个区，裸子植物区现有 8 科 20 属 91 种，以松柏科植物为骨干，松科有 10 属 28 种和变种，贵州产 4 属 13 种；柏科有 8 属 29 种，贵州产 6 属 7 种，其中有北美红杉、秃杉、青岩油杉、黄杉、金钱松、葳柏、墨西哥柏、三尖杉、日本香柏、黄叶扁柏、水杉等；被子植物区现有 63 科 139 属 264 种，以木兰科、樟科为主，木兰科有 6 属 29 种，樟科 8 属 24 种，其中有观光木、红花木莲、厚朴、金叶含笑、火力楠、猴樟、闽楠、青钱柳、伯乐树，珙桐等。现在，树木园共收集树种 456 种，分属 87 科，182 属，其中国家Ⅰ级保护植物 15 种，国家Ⅱ级保护植物 25 种。

## 联系方式 Contacts：

通信地址 Mailing Address：贵州省贵阳市南明区富源南路382号

单位电话 Tel：0851-83929254

传真 Fax：0851-83929171

官方网站 Official Website：http://www.gzslky.com

联系人 Contact Person：李鹤，QQ:1043630529

植物园负责人 Director：邓伦秀

引种负责人 Curator of Living Collections：邓伦秀

信息管理负责人 Plant Records in Charge：邓伦秀

登录号 Number of Accessions：

栽培保育物种数 Number of Species：400

栽培分类群数量 Number of Taxa：

# 贵阳药用植物园

# Guiyang Medicinal Botanical Garden

**建园时间 Time of Established：1984 年**

**植物园简介 Brief Introduction：**

1984 年 7 月经贵阳市人民政府批准成立，隶属于贵阳市科技局，定位为以天然药用资源的研究与开发为主，兼顾游览观光的市级药用植物园，具有科研、科普、生产、游览 4 大功能。位于贵阳市中心城区南明区和小河区交界处，具备城市园林建设及开展药用植物科研、科普工作的自然地理环境优势。植物园规划面积 80 $hm^2$，实际占地面积 66.7 $hm^2$。园区生态环境良好，60% 左右的面积为森林所覆盖，平均海拔 1 070~1 232 m，气候温和湿润，具有优美的亚热带高原立体生态景观特色。资源植物引种及保护方面以贵州道地和珍稀濒危药用植物的引种保护及栽培、驯化等应用基础研究为重点，先后引种保护了珙桐、石斛、头花蓼、天麻、淫羊藿、杜仲、黄柏、黄连、八角莲、宽叶水韭、苏铁蕨、喜树、竹叶兰、虾脊兰、芦荟、红豆杉、岩桂等药用植物 2 000 余种，其中珍稀濒危植物 40 多种。是“全国科普教育基地”“贵州省科普教育基地”和“贵阳市科普教育基地”。园内已建成苗药园、小蘗科属植物专类园、以蜘蛛抱蛋为主的林下荫生药用植物专类园、红豆杉园、石蒜园、藤蔓果药园以及樱花园、茶花园、竹园等专类植物园区，每年接待大、中、小学生及各界人士数万人次。目前从中药资源保护、种子种苗繁育、种植技术研究到中药新药开发、药物检验检测、药企技术服务等方面已初具系列化的科技优势。2006 年建成“贵阳药用资源博物馆”，建筑面积 9 470 $m^2$，是以展示贵州药用植物资源以及民族医药文化为主题的专业博物馆，收集保存有药用植物、动物、矿物标本 25 000 多份，展藏品 10 000 余份。2005 年以来共完成重点科研项目 30 多项，其中获省级科技进步奖 1 项，市级科技进步将 5 项，在国家级核心期刊和省内、外重点刊物上发表学术论文 70 余篇，出版专著 5 本。

## 联系方式 Contacts：

通信地址 Mailing Address：贵阳市南明区沙冲南路 202 号
单位电话 Tel：0851-83832053
传真 Fax：0851-83832053
官方网站 Official Website：http://www.gyyyzwy.com
官方邮件地址 Official Email：webmaster@afsdfnbg.net
植物园负责人 Director：项世军，QQ:2088884 2088884@qq.com
引种负责人 Curator of Living Collections：宋培浪，QQ:245251625 245251625@qq.com
信息管理负责人 Plant Records in Charge：刘雪兰，QQ:314018541 314018541@qq.com
登录号 Number of Accessions：1 269
栽培保育物种数 Number of Species：1 600
栽培分类群数量 Number of Taxa：1 500

# 贵州省中亚热带高原珍稀植物园

## Rare and Plateau Botanical Garden of Guizhou Mid-Subtropics

**建园时间 Time of Established：1997 年**

**植物园简介 Brief Introduction：**

隶属于贵州省林业厅，由贵州龙里林场管理，林场始建于 1957 年，经营面积 1 466.7 $hm^2$，下设珍稀植物研究所，1997 年增挂“贵州省中亚热带高原珍稀植物园”，1998 年原林业部批准设立“贵州高原濒危植物繁育中心”，经过 20 多年的努力，植物园现已建成珍稀植物引种培育基地 233.3 $hm^2$，核心区面积 33.3 $hm^2$，引种定植各类植物 156 科 448 属 758 种植物 10 万余株，其中国家 I 级保护植物银杉、苏铁、梵净山冷杉、伯乐树、掌叶木等 32 种；国家 II 级保护植物翠柏、秃杉、榉木、桫椤、鹅掌楸等 57 种；省级特有保护植物深山含笑、乐东拟单性木兰、天女花、红花木莲、贵州槭等 44 种；建有珍稀植物区、能源植物区、植化区、百花园区、滑草场区、温室区、森林药膳区等植物专类园区。

# 联系方式 Contacts：

通信地址 Mailing Address：贵州省龙里县龙山镇三林路龙里林场

单位电话 Tel：0854-5632777

传真 Fax：0854-5632777

官方网站 Official Website：http://www.forestry.gov.cn/gylch/GZLL.html

植物园负责人 Director：王龙泉

引种负责人 Curator of Living Collections：王涛

信息管理负责人 Plant Records in Charge：安静

登录号 Number of Accessions：

栽培保育物种数 Number of Species：758

栽培分类群数量 Number of Taxa：758

# 遵义植物园

## Zunyi Botanical Garden

**建园时间 Time of Established：2002 年**

**植物园简介 Brief Introduction：**

位于遵义市中心城区北部，隶属于遵义市园林绿化局，由遵义凤凰山森林公园管理。占地 120 hm$^2$，建成区面积 86.7 hm$^2$。建有樱花园、桂花园、杜鹃园、芙蓉园、桃花园、秋色园、红梅园、竹园、珍稀植物园等 14 个专类园区，引种栽植植物 30 余万株、达 500 多种，种植苗木 108 817 株，其中乔木 13 375 株，灌木 83 157 株，杜鹃 12 285 株。引进植物 40 科 58 属 458 种，主要有金桂、茶花、金叶含笑、红花木莲、天竺桂、杜英、法国冬青、红叶桃等。建有游憩亭廊、平台多处，环形主游道 6 000 m、游步道 12 000 m，是集植物知识普及、游览观赏休闲、市民徒步健身于一体的综合性植物园。

## 联系方式 Contacts：

通信地址 Mailing Address：贵州遵义市人民路
单位电话 Tel：0851-28234796
传真 Fax：0851-28234796
官方网站 Official Website：http://www.zyfhsgy.com
植物园负责人 Director：赵孝刚，0851-27672299，583735119@qq.com
引种负责人 Curator of Living Collections：赵孝刚
信息管理负责人 Plant Records in Charge：张丹，0851-28234796
登录号 Number of Accessions：
栽培保育物种数 Number of Species：458
栽培分类群数量 Number of Taxa：500

# 贵州省黎平县国有东风林场树木园

## Arboretum of Dongfeng Forestry Farm

**建园时间 Time of Established：1978 年**

**植物园简介 Brief Introduction：**

始建于 1978~1986 年，隶属于贵州省黎平县国有东风林场，是原国家林业部与省林业厅的联营项目，总面积 13.3 $hm^2$，重点收集黔、湘、桂 3 个省份邻近的珍贵稀有、濒危树种和当地乡土树种，主要目的是收集保存木本植物种质资源、绿化树种选育和石漠化造林树种选育。按分类系统排列，以科为单位划分为小区，在小区内按种进行条状或小块状定植，共收集保存树种 87 科 500 余种，其中国家Ⅰ级保护树种 4 种，国家Ⅱ级保护树种 30 种，已成为具有鲜明区域特色的科普教育基地，是植物知识传播的场所，旅游、休闲和度假的理想去处。

## 联系方式 Contacts：

通信地址 Mailing Address：贵州省黎平县高屯街道东风林场

单位电话 Tel：0855-6320784

传真 Fax：0855-6321467

官方网站 Official Website：http://www.forestry.gov.cn/zm/GZLP.html

植物园负责人 Director：石扬文

引种负责人 Curator of Living Collections：石扬文

信息管理负责人 Plant Records in Charge：杨月吉，791019507@qq.com

登录号 Number of Accessions：365

栽培保育物种数 Number of Species：510

栽培分类群数量 Number of Taxa：516

# 兴隆热带植物园

## Xinglong Tropical Botanical Garden

**建园时间 Time of Established：1957**

**植物园简介 Brief Introduction：**

隶属于中国热带农业科学院香料饮料研究所，创建于 1957 年，1997 年对外开放。园区占地面积 42 $hm^2$，划分为植物观赏区、试验示范区、科技研发区、立体种养区和生态休闲区 5 大功能区；收集栽培有热带香辛料植物、热带饮料植物、热带果树、热带经济林木、热带观赏植物、热带药用植物、棕榈植物、热带水生植物、热带濒危植物、热带珍奇植物、热带沙生植物和蔬菜作物等，保存各类植物资源 246 科 988 属 2 308 种，拥有胡椒、可可、咖啡等专类园区 6 个，主要承担我国香草兰、咖啡、可可、胡椒等热带香料饮料作物的产业化配套技术研发任务，是集科研、科普、生产、加工、观光和种质资源保护为一体的综合性热带植物园。先后被授予首批“全国农业旅游景点”“全国科普教育基地”“全国休闲农业与乡村旅游五星企业”等 30 多项荣誉和称号。在资源引进和保育方面，累计发表论文 100 多篇，获授权发明专利 6 项，通过国审品种 3 个。

## 联系方式 Contacts:

通信地址 Mailing Address：海南省万宁市兴隆热带植物园
单位电话 Tel：0898-62554410
传真 Fax：0898-62554410
官方网站 Official Website: http：//zwy.xlrdzwy.com
官方邮件地址 Official Email：62555900@163.com
植物园负责人 Director：唐冰
引种负责人 Curator of Living Collections：邓文明，564271269@qq.com
信息管理负责人 Plant Records in Charge：朱飞飞，270040677@qq.com
登录号 Number of Accessions：
栽培保育物种数 Number of Species：2 308
栽培分类群数量 Number of Taxa：

# 海南热带植物园

## Hainan Tropical Botanical Garden

**建园时间 Time of Established：1958 年**

**植物园简介 Brief Introduction：**

位于海南儋州，隶属于中国热带农业科学院品种资源研究所，占地 20 $hm^2$，目前已从 47 个国家和地区及国内引种热带、亚热带经济植物 1 220 种，隶属 168 科 681 属，是中国热带植物资源的宝库，也是世界热带作物资源的缩影。现有热带珍贵树木、热带香料植物、热带药用植物、热带果树、热带油料植物和热带观赏植物 7 个区，迁地栽培国家保护的珍稀濒危植物 42 种及热带花卉 500 多种。

## 联系方式 Contacts：

通信地址 Mailing Address：海南省儋州市宝岛新村
单位电话 Tel：0898-23300623/23300370
传真 Fax：0898-23300440
官方网站 Official Website:http：http://www.catas.cn/index.html
官方邮件地址 Official Email：TCGRI@scuta.edu.cn
植物园负责人 Director：王贻钊
引种负责人 Curator of Living Collections：
信息管理负责人 Plant Records in Charge：王清隆
登录号 Number of Accessions：
栽培保育物种数 Number of Species：1 220
栽培分类群数量 Number of Taxa：

# 海南枫木树木园

## Hainan Fengmu Arboretum

**建园时间 Time of Established：1958 年**

**植物园简介 Brief Introduction：**

隶属于海南省林业科学研究所，始建于 1958 年，位于海南省屯昌县枫木镇枫木实验林场内。树木园占地面积为 16.7 $hm^2$，共收集有 112 科 433 属 835 种，其中本岛树种 560 种，海南特有树种 75 种，如海南粗榧，海南梧桐，海南子京坡垒等。园内生物种类繁多，森林茂密，景观多样，自然资源丰富，按照近自然模式管理，具有较高的科研价值，是海南省目前收集海南乡土树种较多，林业系统唯一的树木园。

## 联系方式 Contacts：

通信地址 Mailing Address：海南省屯昌县枫木镇枫木实验林场

单位电话 Tel：0898-36396750

传真 Fax：0898-65900934

官方网站 Official Website：http://www.hnlinye.com

官方邮件地址 Official Email：hnslks@126.com

植物园负责人 Director：农千寿，271147601@qq.com

引种负责人 Curator of Living Collections：林玲，lling008@163.com

信息管理负责人 Plant Records in Charge：陈侯鑫，1091268044@qq.com

登录号 Number of Accessions：

栽培保育物种数 Number of Species：600

栽培分类群数量 Number of Taxa：

# 兴隆热带药用植物园

## Xinglong Tropical MedicinalBotanical Garden

**建园时间 Time of Established：1960 年**

**植物园简介 Brief Introduction：**

又名“兴隆南药园”，隶属于中国医学科学院药用植物研究所海南分所。始建于 1960 年，为中国医学科学院药物研究所海南药用植物试验站。1983 年经卫生部批准，将海南药用植物试验站改为海南分所。兴隆药用植物园为海南分所的药用植物引种和研究基地，现已引种成活的药用植物有 1 598 种，其中蕨类植物 19 个科 34 个种、裸子植物 8 个科 23 个种、被子植物 174 个科 1 541 个种。进口南药园区有从国外引种成功的丁香、肉豆蔻、马钱、胖大海、儿茶、催吐萝芙木等 22 种；珍稀濒危园区有从海南各地引种成功的黑桫椤、坡垒、土沉香、海南苏铁、海南梧桐、海南紫荆、海南粗榧、海南假韶子、海南地不容、见血封喉等珍稀濒危保护植物和海南特有种 136 种；原生态园区有原生植物 58 种，其中百年古树荔枝、龙眼 21 株；海南民族药园区有 1 116 种；另外从云南、广东、广西引种的 156 种。2014 年发表论文 4 篇、专利 1 篇；培育新品种 2 个。

# 联系方式 Contacts：

通信地址 Mailing Address：海南省万宁市兴隆华侨旅游经济区

单位电话 Tel：0898-31589011

传真 Fax：0898-31589011

官方网站 Official Website：http://www.hn-implad.ac.cn

官方邮件地址 Official Email：implad_hn@163.com

植物园负责人 Director：朱平，zhpbmx@sina.com

引种负责人 Curator of Living Collections：郑希龙，zhengxl2012@sina.com

信息管理负责人 Plant Records in Charge：李榕涛，lirt99@126.com

登录号 Number of Accessions：

栽培保育物种数 Number of Species：1 960

栽培分类群数量 Number of Taxa：

# 尖峰岭热带树木园

## Tropical Arboretum at Jianfengling

**建园时间 Time of Established：1973 年**

**植物园简介 Brief Introduction：**

1963 年筹建，隶属于中国林业科学研究院热带林业研究所试验站；1965 年后停顿、园场被毁；1973 年开始在原地重建。现已收集并保存热带、南亚热带树种 1 400 多种、隶属 134 科、528 属，其中国家级和省级保护树种 120 多种，濒危树种 46 种；约 60% 的种类是从海南各地收集到的，20% 的种类是从福建、广东、广西、云南等国内热带、南亚热带地区收集的，另外有 20% 的种类是从国外收集的，其中以热带亚洲为主，其次是热带非洲和热带美洲。按树种用途和类别分为 14 个小区。

## 联系方式 Contacts：

通信地址 Mailing Address：海南省乐东县尖峰镇热林站
官方网站 Official Website：http://www.ritf.ac.cn
官方邮件地址 Official Email：webmaster@ritf.ac.cn
植物园负责人 Director：陈仁利，115206781@qq.com
引种负责人 Curator of Living Collections：陈仁利，115206781@qq.com
信息管理负责人 Plant Records in Charge：施国政，gzhshi@163.com
登录号 Number of Accessions：
栽培保育物种数 Number of Species：1 420
栽培分类群数量 Number of Taxa：

# 兴隆热带花园

## Xinglong Tropical Garden

**建园时间 Time of Established：1992 年**

**植物园简介 Brief Introduction：**

始建于 1992 年，占地约 386.7 $hm^2$，地处海南省东南部，为世界三大热带区之一的印度尼西亚 – 马来热带区北缘，是目前海南东线上离海岸最近的保护较完好的低海拔热带雨林区。园区收集超过 4 000 种热带植物，包含珍稀濒危植物有 65 种，其中被列入《中国植物红皮书》的有 27 种，如坡垒、琼棕、矮琼棕、粘木、海南大风子、海南石梓、野山茶等。园区主要包括热带植物观赏区、热带雨林观赏区、生物哺育区、再造热带雨林区（名人植树区）、园艺观赏区、森林野营区，近年来又建成了兰花藤花观赏区、开放式公共绿道网及三角梅专类园。兴隆热带花园先后被授予“热带雨林恢复”国家级引智推广基地、休闲农业示范单位、国家 AAAA 级旅游景区、全国休闲农业与乡村旅游示范点、海南省科普教育基地等 20 多项荣誉和称号。

## 联系方式 Contacts：

通信地址 Mailing Address：海南省万宁市兴隆热带花园
官方网站 Official Website:http://www.tropicalgarden.cn
植物园负责人 Director：郑文泰，0898-62571890，tropicalgarden@sina.cn
引种负责人 Curator of Living Collections：郑文泰，0898-62571890，tropicalgarden@sina.cn
信息管理负责人 Plant Records in Charge：黄静，0898-62571890，tropicalgarden@sina.cn
登录号 Number of Accessions：
栽培保育物种数 Number of Species：ca.4 000
栽培分类群数量 Number of Taxa：

# 石家庄市植物园

## Shijiazhuang Botanical Garden

**建园时间 Time of Established：1998 年**

**植物园简介 Brief Introduction：**

是集科研科普、游览观光、休闲娱乐、社会生产等多功能为一体的现代化植物园，总面积达 200 hm²，其中水体面积就达 38.7 hm²，绿地面积 102 hm²，收集展示植物 1 136 种。园内现有波澄湖景区、盆景艺术馆、热带植物观赏厅、沙漠植物馆、百花馆、植物科学馆、玫瑰艺术广场、荷花萍、树化石森林等 40 余个景点及牡丹园、竹园、樱花园、海棠园、郁金香园、宿根花卉园、药用植物园等 15 个植物专类园，拥有先进的科研所、科普馆及现代化的生产温室。每年举办 6 次以上的大型花展，特别是“郁金香花展”，展出郁金香品种逾百种，每年栽植规模达到百万株，形成了品牌花展，年游客接待量 80 万人次以上。相继被授予“全国科普教育基地”“青少年科学教育基地”“全国中小学环境教育社会实践基地”“生物多样性保护基地”“环境保护教育基地”和河北省及石家庄市“科普基地”等称号。石家庄市植物园将沿着艺术的外貌、科学的内涵、文化的展示的定位，逐步走向全国一流的植物园行列，逐步实现“全国有影响、河北创特色、石市是精品”的奋斗目标。

## 联系方式 Contacts：

通信地址 Mailing Address：河北省石家庄市新华区植物园街 60 号
单位电话 Tel：0311-83631094
传真 Fax：0311-85672642
官方邮件地址 Official Email: sjzzwy@sjzbg.com
植物园负责人 Director：苏福城
引种负责人 Curator of Living Collections：胡文芳，181798891@qq.com
信息管理负责人 Plant Records in Charge：张琛，52301590@qq.com

登录号 Number of Accessions：1 243
栽培保育物种数 Number of Species：1 136
栽培分类群数量 Number of Taxa：

# 高碑店市植物园

## Gaobeidian Botanical Garden

**建园时间 Time of Established：2002 年**

**植物园简介 Brief Introduction：**

位于高碑店市城区东南部，2004 年 9 月开放，总占地面积 30 $hm^2$。全园建设有中心景观区、水景园区、青少年活动区、老年活动区、科普教育区、欧洲园林区、珍稀植物区等 8 个功能区。已种植移植乔灌木、花卉已达 200 余种，近 65 万余株。园内分为锦绣园、月季园、牡丹园、海棠园、药用植物区、濒危植物区、水生植物区、彩色植物区、观叶、观花、观果植物区等多个观赏景区。于 2004 年被定为保定市青少年体验教育基地，2009 年被河北省风景园林协会评为“河北风景园林先进集体”，是一座集科普、健身、休闲、娱乐为一体的综合性植物公园。

## 联系方式 Contacts：

通信地址 Mailing Address：河北省高碑店市世纪大街中段北侧

植物园负责人 Director：王建勋，0312-6396890

引种负责人 Curator of Living Collections：张绍军，jsjzwy@yeah.net

信息管理负责人 Plant Records in Charge：张绍军，jsjzwy@yeah.net

登录号 Number of Accessions：

栽培保育物种数 Number of Species：200

栽培分类群数量 Number of Taxa：

# 保定市植物园

## Baoding Botanical Garden

**建园时间 Time of Established：2003 年**

**植物园简介 Brief Introduction：**

植物园总面积 110 hm$^2$，是一座具有“园林外貌、科学内涵”的集科研科普和户外休闲活动为一体的大型生态园林，由余树勋主持规划，2003 年开放。全园采用局部规则、总体自然的造园形式，规划了主门广场、花园大道、春花园、秋色园、花卉园、岩生水生园、竹园、树木园、情侣园、药用园、裸子园、体育活动区、引种驯化区、生产管理区等 15 个分区。目前已收集保存了 500 多种植物，形成特色鲜明的植物景观。树木园是植物园的主体部分，由木兰园、杨柳园、木樨园、槭树园、槐香园、蔷薇园、梧桐椴树园等部分组成，按照恩格勒系统分类，种植了 15 目共计 35 科植物，形成保定市区最大的疏林草地景观、密林景观和山地景观。

## 联系方式 Contacts：

通信地址 Mailing Address：河北省保定市竞秀区阳光北大街2121号

植物园负责人 Director：李彬

引种负责人 Curator of Living Collections：杨颖瑶，0312-3139003 bdszwy@163.com

信息管理负责人 Plant Records in Charge：王红双

登录号 Number of Accessions：

栽培保育物种数 Number of Species：500

栽培分类群数量 Number of Taxa：

# 唐山植物园

## Tangshan Botanical Garden

**建园时间 Time of Established：2010 年**

**植物园简介 Brief Introduction：**

位于南湖公园南部，总面积 55.45 $hm^2$，是集观赏、科普、生态、经济、文化、科研 6 大功能为一体的新型互动式植物园。唐山植物园原为采煤沉降区，植物分类园按照克朗奎斯特分类系统组成游览路线，各分区重点展示同一科、属或同一类植物。根据不同种或品种之间的颜色、花期的不同，组成多样植物景观。结合景观空间的布局，设置了玉兰园、松柏园、牡丹园、碧桃园、海棠园、锦葵园、梅园等 22 个园区。

## 联系方式 Contacts：

通信地址 Mailing Address：河北省唐山市路南区建设南路与风井路交叉口南行 50 米路西，唐山植物园
单位电话 Tel：0315-6818565
官方网站 Official Website：http://www.tszwy.com
植物园负责人 Director：徐秀源，xxy5566@qq.com
引种负责人 Curator of Living Collections：王丽君，422690766@qq.com
信息管理负责人 Plant Records in Charge：祝佳媛，675421405@qq.com
登录号 Number of Accessions：
栽培保育物种数 Number of Species：1 233
栽培分类群数量 Number of Taxa：1 853

# 鸡公山植物园

## Jigongshan Botanical Garden

**建园时间 Time of Established：1976 年**

**植物园简介 Brief Introduction：**

隶属于河南鸡公山国家级自然保护区管理局，地处北亚热带向暖温带过渡地带，规划面积 100 hm$^2$，计划引种、保存南北过渡带原生高等植物和珍稀植物 2 000 余种。经过 30 余年来的建设和发展，植物园形成了柏区、松杉区、木兰区、经济植物区、珍稀植物区、竹区、山花园、乡土植物区和繁育圃 9 个块状分布区，现已完成柏区 3.6 hm$^2$、松杉区 8 hm$^2$、木兰区 5 hm$^2$、竹区 3 hm$^2$、经济植物区 3.5 hm$^2$、乡土植物区 14 hm$^2$、山花园 4 hm$^2$ 和繁育圃 0.5 hm$^2$，面积共计 44 hm$^2$，完成总规划面积的 44%。已引进国内外珍稀树种 200 余种，保存乡土树种 400 余种，引种、保存的珍稀植物有秃杉、珙桐、香果树、青檀、连香树、红豆杉、天竺桂、独花兰、天麻、银杏等。植物园职责为：开展大别山气候过渡带珍稀植物种质资源的收集、保存和综合繁育研究；开展珍稀植物繁育、野生植物资源综合利用和生物多样性保护的科学研究；有计划、有目的的开展珍稀植物引种驯化工作，为南北过渡带引种、育种和林业生产服务；向社会展示保护植物物种资源和生态环境的重要性，为科普知识宣传和森林生态科普旅游提供服务；为国内外科研、教学单位提供试验研究、教学实习的场所。

## 联系方式 Contacts：

通信地址 Mailing Address：河南省信阳市浉河区鸡公山 68 号

单位电话 Tel：0376-6991359

传真 Fax:0376-6991359

官方邮件地址 Official Email: xyjigongshan@163.com

植物园负责人 Director：付觉明，0376-6991359/6807188

引种负责人 Curator of Living Collections：哈登龙，0376-6991359/6991316/hadenglong@163.com

信息管理负责人 Plant Records in Charge：方成良，0376-6991359/6991316

登录号 Number of Accessions：

栽培保育物种数 Number of Species：2 708

栽培分类群数量 Number of Taxa：2 900

# 洛阳国家牡丹园

## Luoyang National Peony Garden

**建园时间 Time of Established：1984 年**

**植物园简介 Brief Introduction：**

国家牡丹园又名国家牡丹基因库，占地面积 33.3 $hm^2$，是我国目前唯一集牡丹科技研发、游览观光、国际交流、科普推广为一体的综合性牡丹园。国家牡丹园收集牡丹品种 1 365 个，涵盖了中国中原、西北、西南、江南四大牡丹种群和世界主要牡丹品种基因，是洛阳牡丹文化节最主要的游览景区之一。核心资源有中原牡丹品种群、西北牡丹品种群、西南牡丹品种群、江南牡丹品种群、日本牡丹品种群、欧洲牡丹品种群、美国品种群、法国品种群、牡丹芍药品种群(伊藤杂种)9 大类牡丹色系，品种齐全，有花大色艳的优质商品牡丹 30 万株。目前，已成为野生牡丹引种驯化，新品种培育和商品牡丹繁殖的国内最大生产基地。

## 联系方式 Contacts:

通信地址 Mailing Address：河南省洛阳市老城区邙山镇中沟西，邮编 471011

植物园负责人 Director：孙国润

引种负责人 Curator of Living Collections：刘改秀，liugaixiu666@163.com

信息管理负责人 Plant Records in Charge：赵国栋，zgdong@126.com

登录号 Number of Accessions：

栽培保育物种数 Number of Species：

栽培分类群数量 Number of Taxa：1 365

# 郑州黄河植物园

## Zhengzhou Huanghe Botanical Garden

**建园时间 Time of Established：1984 年**

**植物园简介 Brief Introduction：**

筹建于 1984 年，在郑州市黄河游览区基础上建设植物园，设立专门的园林科研所，进行园林植物引种驯化与栽培试验。30 多年来，结合景区建设，引种驯化了大批园林植物，保存成活近 30 种国家级重点保护植物。现有专业技术员高级职称 4 人，中级职称 8 人，初级职称 15 人，园林技术工人 120 人。累计引种栽培植物 1 840 种，参与编写各类园林书籍 35 本，发表园林论文 120 余篇，完成各级园林科研课题 24 项。郑州市黄河风景名胜区现在为国家 AAAA 级旅游景区，国家级风景名胜区，国家级地质公园，国家级水利风景区。

## 联系方式 Contacts：

**通信地址 Mailing Address**：郑州市江山路 1 号，郑州市黄河风景名胜区园林所

**单位电话 Tel**：0371-68222222

**植物园负责人 Director**：黄明利，0371-68222365

**引种负责人 Curator of Living Collections**：孙志广，0371-68222101，lvhuadui@126.com

**信息管理负责人 Plant Records in Charge**：韩新华

**登录号 Number of Accessions**：2 050

**栽培保育物种数 Number of Species**：1 520

**栽培分类群数量 Number of Taxa**：1 562

# 洛阳国际牡丹园

## Luoyang International Peony Garden

**建园时间 Time of Established：1999 年**

**植物园简介 Brief Introduction：**

总面积 25.3 $hm^2$，始建于 1999 年，分牡丹观赏和种苗生产两大功能区。园内种植有国内传统名品和海外精品牡丹品种 680 多个，芍药品种 300 多个，集赏花、科研、生产、休闲于一体，以“品种优、晚花多、花期长、景观好”而驰名，有牡丹航天育种科研项目，黑、红、黄、绿、蓝、紫、粉、白、复 9 大色系齐全，尤以花朵大、花期长、花色丰富见长，奠定了国际牡丹园“精品、晚开”的观赏特色。1999 年到 2016 年国内共引种 1 200 号，隶属于 32 科 63 属 91 种，1 200 品种，其中引种国外牡丹芍药品种 350 个。牡丹园规划建设独具特色，由华夏园、万芳园、锦绣园、九色园、芍药园及生产科技园等 6 大园区组成。主要景点有国花坊、名花大道、航天育种、花王广场、古稀牡丹二十品、九色牡丹图、寒牡丹区、什锦牡丹区及洛阳兰苑等。每年自 4 月 5 日至 5 月 15 日，历时 40 天，是洛阳牡丹花观赏期最长的牡丹观赏园。

## 联系方式 Contacts：

通信地址 Mailing Address：河南省洛阳市老城区机场路22 号

植物园负责人 Director：霍志鹏，0379-62136227，guojimudanyuan@163.com

引种负责人 Curator of Living Collections：张淑玲，0379-62136227，guojimudanyuan@163.com

信息管理负责人 Plant Records in Charge：刘少丹，0379-62306228，271069929@qq.com

登录号 Number of Accessions：1 200

栽培保育物种数 Number of Species：84

栽培分类群数量 Number of Taxa：1 200

# 中国国花园

## China National Flower Garden

**建园时间 Time of Established：2003 年**

**植物园简介 Brief Introduction：**

位于洛南隋唐古城遗址上，东起洛阳桥，西至牡丹桥，南临洛宜路，北至洛浦公园南堤，始建于 2001 年 9 月，2003 年 4 月建成开放。中国国花园以隋唐城历史文化为底蕴，以牡丹文化为主要内容，融历史文化、牡丹文化和园林景观为一体，是集科普、科教、游览、保护文化遗址的多功能综合性公园。总规划设计面积 103.2 $hm^2$，东西长 2 500 m。自西向东分为西大门景区、牡丹文化区、牡丹历史文化区、历史文化区、东大门景区、生产管理区 6 大景区。园内汇集中外牡丹品种 1 080 个，60 余万株；各种树木花草 180 种，380 万株，草坪 2 万 $m^2$，湖区面积 25 346 $m^2$，建有姚黄阁、飞流瀑布、衍秀湖等亭、台、楼、阁、廊 21 处景区。是目前国内面积最大、开花质量最高、观赏效果最好、珍稀牡丹品种最多、环境最优美的牡丹专类观赏园，园内单个牡丹品种大面积种植，整体观赏效果宏观、大气。“唯有牡丹真国色，花开时节动京城”一年一度的洛阳牡丹盛会，数十万中外游客幕名前来赏花游览，人如潮，花似海，呈现了一幅盛世空前的国花园赏花图。

## 联系方式 Contacts：

通信地址 Mailing Address：洛阳市洛龙区龙门大道 1 号

植物园负责人 Director：梁向红，0379-65512634，guohuayuanke@163.com

引种负责人 Curator of Living Collections：郑涛，ghyylk2008@163.com

信息管理负责人 Plant Records in Charge：郑涛，ghyylk2008@163.com

登录号 Number of Accessions：

栽培保育物种数 Number of Species：

栽培分类群数量 Number of Taxa：1 260

# 洛阳隋唐城遗址植物园

## Luoyang Sui& Tang Relics Botanical Garden

**建园时间 Time of Established：2005 年**

**植物园简介 Brief Introduction：**

位于隋唐洛阳城遗址上，始建于 2005 年 12 月，2006 年 8 月正式对外开放。总占地面积 190.9 $hm^2$，是以河南豫西地区地域性植物和隋唐城遗址文化为基础，坚持科学保护与合理利用相结合，集科研、科普、文化娱乐为一体的综合性植物园。全园植物种类达 1 000 多种，总绿地面积超过 130 万 $m^2$。在植物配置上以乔、灌、花草合理搭配，形成南北园艺交汇、自然与规则共融、中外园林荟萃的大型植物园。建设了千姿牡丹园、野趣水景园、木兰琼花园、万柳园、岩石园、百草园、梅园、竹园、海棠园、桂花园、芳香园等 17 个专类园区。其中千姿牡丹园占地 26.7 $hm^2$，由百花园、九色园、特色园、科技示范园组成，共种植九大色系牡丹 1 200 多个品种 30 万余株。同时通过置石、园林小品等艺术手法，以楹联、雕刻等形式，对赞美洛阳牡丹的诗词、典故等进行充分展示，丰富了牡丹文化内涵，是目前洛阳市牡丹品种最多、花色最全、文化氛围最浓的牡丹园。是“国家 AAAA 级旅游景区”“河南省文明风景旅游区”。

## 联系方式 Contacts：

通信地址 Mailing Address：洛阳市洛龙区王城大桥南隋唐城遗址，植物园管理处

植物园负责人 Director：冀涛，lyzwy65917101@163.com

引种负责人 Curator of Living Collections：潘志好，panzhihao1113@163.com

信息管理负责人 Plant Records in Charge：沈改霞，stjsk007@163.com

登录号 Number of Accessions：

栽培保育物种数 Number of Species：1 000

栽培分类群数量 Number of Taxa：2 200

# 郑州市植物园

## Zhenzhou Botanical Garden

**建园时间 Time of Established：2007 年**

**植物园简介 Brief Introduction：**

在原郑州市第二苗圃的基础上改建而成，2007 年 9 月 3 日开工建设，2008 年 10 月 1 日实现了试开园，2009 年 4 月 30 日正式开园，占地 57.45 $hm^2$。植物园总体定位是具有“科学的内涵，艺术的外貌，文化的展示”，集科学研究、科普教育、引种驯化、休闲娱乐、旅游观光为一体的植物公园。园内东区是以植物种质的收集和展示为主，有木兰园、牡丹芍药园等 15 个专类园；园内西区是以植物科学应用为主，体现“寓教于乐”，有儿童探索园、盆景园等 10 个专类园。还拥有“花海迎宾”“象湖揽壁”“予山飞霞”“花漫如歌”“松畔夕照”“天香咏华”“竹影石韵”“山水灵秀”8 个景区共 30 个景点。共有 15 个专类园，目前收集植物 1 800 余种，120 万余株，为“中原地区植物基因库”植物园。

## 联系方式 Contacts：


通信地址 Mailing Address：郑州市中原西路与西四环交叉口南 1 km

官方邮件地址 Official Email:zz_zwy@126.com

植物园负责人 Director：宋良红，0371-67888569，zz_zwy@126.com

引种负责人 Curator of Living Collections：郭欢欢，0371-67888925,，zz_zwy@126.com

信息管理负责人 Plant Records in Charge：李小康，0371-67888923


登录号 Number of Accessions：

栽培保育物种数 Number of Species：1 800

栽培分类群数量 Number of Taxa：

# 黑龙江省森林植物园

## Heilongjiang Forest Botanical Garden

**建园时间 Time of Established：1958 年**

**植物园简介 Brief Introduction：**

始建于 1958 年，1988 年正式对外开放，1992 年被原国家林业部批准为哈尔滨国家森林公园。位于哈尔滨市香坊区哈平路 105 号，占地面积 136 $hm^2$，是我国最具代表性的东北寒温带植物园，是集植物科研、科普、旅游、休闲为一体的综合性植物园，也是我国唯一一处坐落在城市市区的国家级森林公园，园内建有风格各异的树木标本园、郁金香园、药用植物园、湿地园等 15 处植物专类园。园内栽有我国东北、华北、西北地区及部分国外引进植物 1 000 余种。被誉为大小兴安岭、长白山脉植被的橱窗和缩影。

## 联系方式 Contacts：

通信地址 Mailing Address：黑龙江省哈尔滨市香坊区哈平路 105 号

单位电话 Tel：0451-86681442

官方网站 Official Website：http://www.hljfbg.com.cn

植物园负责人 Director：王树清

信息管理负责人 Plant Records in Charge：张迎新

登录号 Number of Accessions：

栽培保育物种数 Number of Species：1 000

栽培分类群数量 Number of Taxa：

# 小兴安岭植物园

## Xiaoxinganling Botanical Garden

**建园时间 Time of Established：1978 年**

**植物园简介 Brief Introduction：**

1978 年建园，隶属于伊春林业科学院。植物园总面积 345 $hm^2$，建有天然林区、人工针叶林区、乡土树木园区、引种树木园区、药用植物园区、经济林木区、林木自然变异收集区、花灌木良种选育区、沼泽地与湿地植物区和苗木培育区等专类园区 10 个，专类园区面积 77 $hm^2$，引种保育区面积 0.3 $hm^2$，迁地栽培植物 455 种，其中乡土树种 110 种，药用植物 345 种，中国和地方特有物种 34 种，珍稀濒危植物 34 种，引种班克松已大面积推广应用，是一处集科研、科普和旅游观光为一体的综合植物园。

## 联系方式 Contacts：

通信地址 Mailing Address：黑龙江省伊春市伊春区临山路 8 号
单位电话 Tel：0458-6118810
官方网站 Official Website：http://www.yclky.net
官方邮件地址 Official Email:fz6886@163.com
植物园负责人 Director：姚彦文，0458-6118810，yao.yan.wen2008@163.com
引种负责人 Curator of Living Collections：徐君，施利明
信息管理负责人 Plant Records in Charge：张朋达，林国英
登录号 Number of Accessions：
栽培保育物种数 Number of Species：455
栽培分类群数量 Number of Taxa：

# 鸡西动植物公园

## Jixi Zoological and Botanical Garden

**建园时间 Time of Established：1996 年**

**植物园简介 Brief Introduction：**

1966 年始建鸡西市园林苗圃。1999 年鸡西市园林苗圃改建成鸡西市动植物园。总面积 133.3 $hm^2$，温室面积 700 $m^2$，植物引种保育区面积 6.67 $hm^2$，荫棚面积 1 500 $m^2$。建有植物专类园区 10 个，迁地栽培植物 300 种（含种下分类单元），其中珍稀濒危植物 3 种。培育新品种 3 种，推广园林观赏植物 43 种，推进了垂暴 109、银中杨、樟子松、云杉、白桦、丁香、榆叶梅、连翘等植物应用。园林园艺职工 10 人，管理人员 4 人。2003 年 8 月 1 日面向社会开放，年入园参观游客 5 万人，其中青少年 2 万人。2005 年被命名为黑龙江省青少年科普基地，2012 年被评为国家 AAA 级旅游景区。

## 联系方式 Contacts:

通信地址 Mailing Address：黑龙江省西市鸡冠区向南街 43 号

单位电话 Tel：0467-2690709

传真 Fax：0467-2670188

植物园负责人 Director：李长德

引种负责人 Curator of Living Collections：谷全欣，329500690@qq.com

信息管理负责人 Plant Records in Charge：谷全欣，329500690@qq.com

登录号 Number of Accessions：

栽培保育物种数 Number of Species：300

栽培分类群数量 Number of Taxa：

# 金河湾湿地植物园

## Jinhewan Wetland Botanical Garden

**建园时间 Time of Established：2008 年**

**植物园简介 Brief Introduction：**

隶属于哈尔滨水务投资集团有限公司，是哈尔滨水生态保护与修复示范区，位于松花江哈尔滨主城区，面积 350 $hm^2$，其中自然植被 180 $hm^2$。建有荷花池、菱角池、浮萍池、芦苇群落和小叶樟群落等专类园区 5 个。通过人工辅助措施和自然繁衍，已恢复陆生、砂生、湿生水生植物近 300 多种，珍稀植物野大豆、野韭菜、睡莲、桑树、圣柳、赤杨等 30 余种，并形成荷花及十余种水生植物以及林间的芦苇和牛毛草自然植物群落。

## 联系方式 Contacts：

通信地址 Mailing Address：哈尔滨市松北区江湾路 5000 号

官方网站 Official Website：http://www.hrbgongshui.com

植物园负责人 Director：王有为

引种负责人 Curator of Living Collections：何小虎

信息管理负责人 Plant Records in Charge：肖祥星

登录号 Number of Accessions：

栽培保育物种数 Number of Species：300

栽培分类群数量 Number of Taxa：

# 中国科学院武汉植物园

## Wuhan Botanical Garden, Chinese Academy of Sciences

**建园时间 Time of Established：1956 年**

**植物园简介 Brief Introduction：**

始建于 1956 年，立足华中，收集保护亚热带和暖温带战略植物资源。面积 59.1 $hm^2$，迁地保育活植物 11 726 种，建有植物专类园区 15 个，收集水生植物 441 种，代表性物种有荷花、再力花、睡莲、水罂粟、浮萍、凤眼莲、黑藻、金鱼藻等；猕猴桃 57 种，代表性物种有中华猕猴桃、美味猕猴桃、软枣猕猴桃、毛花猕猴桃，培育的猕猴桃品种金桃和金艳引领了世界猕猴桃市场；药用植物 1 585 种，代表性植物有罂粟、曼陀罗、浙江叶下珠、淫羊藿、薄荷、板蓝根等；兰科植物 528 种，代表性物种有万代兰、卡特兰、蝴蝶兰、文心兰等；华中古老孑遗和珍稀特有植物 396 种，代表性物种有珙桐、绒毛皂荚、小勾儿茶、鄂西鼠李和七子花等；野生林特果植物 291 种，代表性物种有柿子、枇杷、湖南山核桃、海棠、短梗稠李、石灰花楸、四照花、山荆子等；乡土园林植物 177 种，代表性物种有板栗、枣，樟树、梧桐；竹类 110 种，代表性物种有龟甲竹、黄金碧玉竹、紫竹、方竹等；杜鹃花科 82 种，代表性物种有鹿角杜鹃、羊踯躅等；山茶科 409 种，代表性物种有毛柄连蕊茶、杜鹃红山茶、金花茶。是我国重要的战略植物资源保育基地和三大核心植物园之一，也是全国重要的科普教育基地和全国青少年科技教育基地，湖北省、武汉市科普教育、环境教育、爱国主义教育基地，国家 AAAA 级旅游景点。武汉植物园发表论文近 3 000 篇、专利授权专利 142 个、培育新品种数 27 个。

## 联系方式 Contacts：

通信地址 Mailing Address：武汉市洪山区鲁磨路特 1 号
官方网站 Official Website：http://www.whiob.ac.cn
单位电话 Tel：027-87700812
传真 Fax:027-87700877
官方邮件地址 Official Email:wbgoffice@wbgcas.cn
植物园负责人 Director：张全发，027-8751059，qfzhang@wbgcas.cn
引种负责人 Curator of Living Collections：吴金清，027-87510637，wjq@wbgcas.cn
信息管理负责人 Plant Records in Charge：吴金清，027-87510637，wjq@wbgcas.cn
登录号 Number of Accessions：5 638
栽培保育物种数 Number of Species：11 726
栽培分类群数量 Number of Taxa：

# 磨山园林植物园

## Moshan Landscape Botanical Garden

**建园时间 Time of Established：1956 年**

**植物园简介 Brief Introduction：**

又名磨山风景区，是国家风景名胜区和国家AAAAA级景区东湖生态旅游风景区的核心景区，面积451.29 hm$^2$，由楚文化游览区和四季花城组成，是中国梅花、荷花研究中心所在地、世界三大赏樱胜地之一。岁末春初，东湖梅园340种近万株梅花傲地凌霜，暗香四溢；阳春三月，与日本弘前、美国华盛顿并称为世界三大赏樱胜地的东湖樱花园内，落英缤纷，灿若云霞；盛夏时节，700余种珍品荷花吐蕾绽放，荷香阵阵。作为全国最大的楚文化游览区，楚城、楚市、楚天台、楚才园等景点深受游客喜爱，独具特色的编钟乐舞表演，充分展示了古楚遗韵。磨山风景区三面环水，六峰逶迤，总面积14.37 km$^2$，其中水面面积2.7 km$^2$，尤如一座美丽的半岛。享有“绿色宝库”的美誉。“夏荷冬梅，春樱秋桂”，四季花开不断。

## 联系方式 Contacts：

通信地址 Mailing Address：武汉市洪山区鲁磨路 665 号
单位电话 Tel：027-86793760
官方网站 Official Website：http://www.whdonghu.gov.cn
植物园负责人 Director：李正兴，1387153449
引种负责人 Curator of Living Collections：毛庆山，806558169@qq.com
信息管理负责人 Plant Records in Charge：晏晓兰，11412164232@qq.com
登录号 Number of Accessions：
栽培保育物种数 Number of Species：396
栽培分类群数量 Number of Taxa：1 600

# 华中药用植物园

## Central China Medicinal Botanical Garden

**建园时间 Time of Established：1979 年**

**植物园简介 Brief Introduction：**

隶属于湖北省农科院中药材研究所。1979~1999 年名为"湖北省农科院中药材研究所药用植物种质资源圃"，2000~2003 年名为"长岭岗药用植物园"，2004 年更名为"华中药用植物园"。2015 年列入国家药用植物园主体园"国家药用植物园湖北分园"。园区面积 112 $hm^2$，平均海拔 1 680 m，保育药用植物 1 680 种，园区以湖北恩施及武陵山区药用植物资源为主，完成引种保育药用植物活体标本 1 500 余种，其中国家级重点保护的珍稀濒危药用植物 38 种；按其生态习性和适生环境建有草本、木本、藤本、阴生、水生、珍稀濒危、活化石、民族药物、道地药材、膳食药物等 10 个保育专类园区；建有厚朴、竹节参、延龄草、七叶一枝花、贝母、黄连等 13 个种质资源圃；建有面积为 37 $hm^2$ 全国最大的厚朴种质资源库。

华中药用植物园鸟瞰图 

## 联系方式 Contacts：

通信地址 Mailing Address：湖北省恩施市学院路 253 号

电话 Tel：0718-8410985

官方网站 Official Website：http://www.hbzyc.com.cn

植物园负责人 Director：郭汉玖，805285932@qq.com

引种负责人 Curator of Living Collections：由金文，554160219@qq.com

信息管理负责人 Plant Records in Charge：由金文，554160219@qq.com

登录号 Number of Accessions：1 800

栽培保育物种数 Number of Species：1 680

栽培分类群数量 Number of Taxa：1 680

# 宜昌三峡植物园

## Yichang Sanxia Botanical Garden

**建园时间 Time of Established：1998 年**

**植物园简介 Brief Introduction：**

隶属于宜昌市林业局，成立于 1998 年，由宜昌市人民政府和中科院武汉植物园共同兴建。2006 年，经湖北省编委批准为副县级事业单位，属社会公益性事业单位。2009 年 5 月，经宜昌市编委批准，三峡植物园与宜昌市林科所合署办公，主要职能是围绕收集保存、迁移展示、开发利用三峡地区珍稀濒危特有植物和生物多样性，开展保护研究工作，同时承担重要野生动植物种质资源抢救保存、林业技术研究、科研成果转化推广、林木良种培育试验示范及园区内森林资源管护等职能工作。

## 联系方式 Contacts：

通信地址 Mailing Address：湖北省宜昌市夷陵区土门金银岗
单位电话 Tel：0717-7780252
传真 Fax:0717-7780252
官方网站 Official Website：http://www.ycly.gov.cn
官方邮件地址 Official Email: A69615327@sinaa.com, bgs@ycly.gov.cn
植物园负责人 Director：宋正江
引种负责人 Curator of Living Collections：高本旺，953146673@qq.com
信息管理负责人 Plant Records in Charge：李薇，236773846@qq.com
登录号 Number of Accessions：
栽培保育物种数 Number of Species：164
栽培分类群数量 Number of Taxa：

# 湖南省南岳树木园

## Hunan Nanyue Arboretum

**建园时间 Time of Established：1978 年**

**植物园简介 Brief Introduction：**

位于南岳衡山风景名胜区腹地，1977 年 5 月由湖南省林业厅筹办，1978 年 9 月正式成立，占地面积 668 hm$^2$。收集、保存亚热带维管束植物 230 科 1 040 属 2 666 种，其中国家重点保护植物 119 种，基本上包括了湖南所产的国家重点保护野生植物。建有裸子植物园、木兰园、山茶园、壳斗园、槭树园、杜鹃园、蔷薇园、樟树园、能源油料植物种质园和贤达留芳植树园共 10 个专类园。营建了 200 hm$^2$ 高、中、低山科研试验林。建园以来完成省、市科研项目 25 项，获得科技成果奖 21 项，其中省部级科技进步二等奖 3 项，三等奖 8 项，部门奖 10 项。抢救、繁殖和推广了世界罕见、南岳独有的珍稀濒危植物——绒毛皂荚，发现黏质杜鹃和短柄香冬青 2 个新记录种，出版专著 3 部，发表论文 274 篇。挖掘、培育、展示具有优良性状且适宜不同用途的植物品种 617 个。现在是“全国林业科普基地”“湖南省科普基地”和“省级农村科普基地”，常年通过树木挂牌、科普宣传、报告图片和电视宣传、学生实习、中小学生素质教育等形式，向大众传播环境保护、植物学、树木栽培学、生态学等方面的科学知识。

## 联系方式 Contacts:

通信地址 Mailing Address：湖南省衡阳市南岳区桎木潭
官方网站 Official Website：http://lyt.hunan.gov.cn
植物园负责人 Director：彭珍宝
引种负责人 Curator of Living Collections：旷柏根，554036071@qq.com
信息管理负责人 Plant Records in Charge：夏江林，xjlny@163.com
登录号 Number of Accessions：
栽培保育物种数 Number of Species：1 095
栽培分类群数量 Number of Taxa：2 666

# 湖南省森林植物园

# Hunan Forest Botanical Garden

**建园时间 Time of Established：1985 年**

**植物园简介 Brief Introduction：**

湖南省森林植物园是经湖南省人民政府和原国家科委批准于 1985 年成立的省级公益性科研事业单位，隶属湖南省林业厅。是集物种保存、科学研究、科普教育、生态旅游和开发利用五大功能于一体的综合性植物园。全园占地面积 120 hm$^2$，森林覆盖率 90 % 以上。1991 年经原国家林业部批准成立湖南省野生动物救护繁殖中心，2009 年在郴州市建立了湖南省森林植物园南岭分园。2011 年在宁乡东湖塘建立了珍稀植物花卉苗木繁育基地，基地占地 20 hm$^2$。成功收集保育 208 科 906 属 3 200 种植物，其中包括被誉为“植物界大熊猫”的银杉和珙桐在内的珍稀濒危树种 176 种。园内现已建成珍稀植物园、樱花园、木兰园、荫生植物园、杜鹃园、竹园、茶花园、桂花园、彩叶植物园等 14 个植物专类园。先后主持承担了国家、部（省）和厅级等各类科研项目 127 项，在研项目 35 项，49 项成果获部（省）级科技进步奖，其中二等奖 13 项，公开发表学术论文 278 篇，撰写专著 14 部，获国家发明专利 5 项。发现并发表植物新种 15 个，通过植物新品种审定 18 个。在动植物迁地保育、良种选育、快速繁殖和开发利用等方面形成了自身的优势与特色。

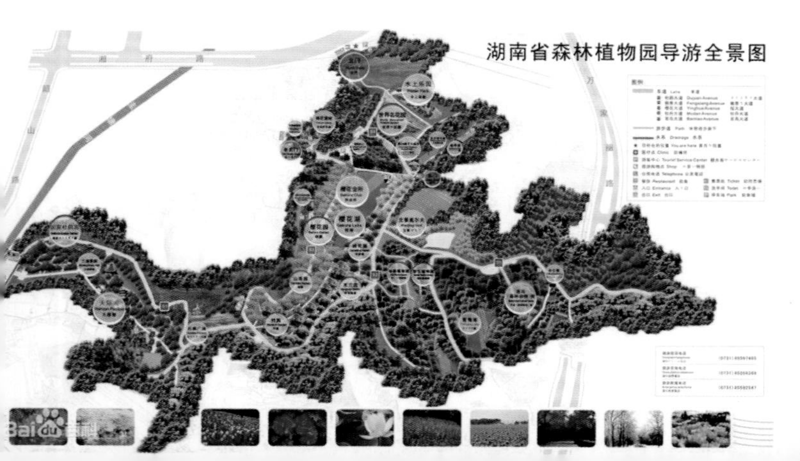

## 联系方式 Contacts：

通信地址 Mailing Address：湖南省长沙市雨花区植物园路111号湖南省森林植物园

单位电话 Tel：0731-85621321

传真 Fax:0731-85052295

官方网站 Official Website：http://www.hnfbg.cn

官方邮件地址 Official Email：hnfbg1985@126.com

植物园负责人 Director：彭春良，0731-85586043，pengchunliang128@126.com

引种负责人 Curator of Living Collections：颜立红，yanlh0424@163.com

信息管理负责人 Plant Records in Charge：颜立红，yanlh0424@163.com

登录号 Number of Accessions：

栽培保育物种数 Number of Species：3 200

栽培分类群数量 Number of Taxa：4 000

# 郴州南岭植物园

## Chenzhou Nanling Botanical Garden

**建园时间 Time of Established：1989 年**

**植物园简介 Brief Introduction：**

在 1963 年建立的郴州林业科学研究所基础上设立南岭植物园。核心管理面积 40.2 $hm^2$，集体联营 766.6 $hm^2$。现引种保存植物 188 科 860 属 2 232 种，建有紫薇园、海棠樱花园、林邑兰园、柏科园、木兰园、桂花园、竹园、杜鹃园、银杏园、珍稀植物区、林木果树示范区、耐寒桉树收集区等专类园区 12 个。发表论文 300 余篇，取得科研成果 59 个，专利 2 个、培育新品种 11 个，是第四批全国林业科普基地。

## 联系方式 Contacts：

通信地址 Mailing Address：湖南省郴州市骆仙路 12 号
单位电话 Tel：0735-2812006
传真 Fax：0735-2812006
官方网站 Official Website：http://www.nlzwy.com/index.asp
官方邮件地址 Official Email: hnczlks@163.com
植物园负责人 Director：何才生
引种负责人 Curator of Living Collections：周志远
信息管理负责人 Plant Records in Charge：李玉明，0735-2812006

登录号 Number of Accessions：
栽培保育物种数 Number of Species：2 232
栽培分类群数量 Number of Taxa：2 432

# 中南林业科技大学树木园

## Arboretum of South Central Forestry Science and Techology University

**建园时间 Time of Established：2003 年**

**植物园简介 Brief Introduction：**

校园总面积 146 hm²。种植乔木、灌木共 20 多万株，人工草坪 18 万 m²，校园绿化面积 90 万 m²，种植绿篱 2 万 m，绿化覆盖率达 62%。校内拥有植物种类达 1 400 多种，其中国家Ⅰ、Ⅱ级保护植物 64 种。建立苗圃基地近 3 万 m²，除购进少量苗木做引种外，校内植树造林大部分自给，建立标本树木园 2 个，面积 30 万 m²，代表性植物有银杉、南方红豆杉、珙桐、伯乐树等珍稀树种。建立了专类园区 3 个，其中竹园收集竹类 96 种，山茶园种植山茶属植物 179 种，裸子植物园收集裸子植物 9 科 88 种。拟计划继续开辟以中亚热带为特色的木兰园、冬青园、梅园、蔷薇园、秋景园等，力争收集植物种类 1 800 种以上，使学校形成了具有“园林外貌，教学基地，科研内涵”新面貌。

## 联系方式 Contacts：


通信地址 Mailing Address：长沙市韶山南路 498 号中南林业科技大学植物园

单位电话 Tel：0731-85623096

传真 Fax：0731-85623038

官方网站 Official Website：http://www.csuft.edu.cn

植物园负责人 Director：刘春林，1252507941@qq.com

引种负责人 Curator of Living Collections：曹基武，1398524816qq@.com

信息管理负责人 Plant Records in Charge：曹基武


登录号 Number of Accessions：

栽培保育物种数 Number of Species：ca.1 400

栽培分类群数量 Number of Taxa：

# 湘南植物园

## South Hunan Botanical Garden

**建园时间 Time of Established：2008 年**

**植物园简介 Brief Introduction：**

位于东江湾景区内，毗邻著名景点东江湖、寿佛寺，是一个以植物引种驯化为主，兼科普教育、生态旅游于一体的综合性植物园。是资兴市东江湾景区的旅游、休闲、观光的配套项目，与其相连的有小东江湿地公园、寿福寺、农耕博物馆，是在保持原有植物的基础上通过人工改造和保护营造而营建的，原生植物 361 种，隶属于 149 个科 242 属，引进树种 100 余科 296 种，建有 5 个专业园区。

## 联系方式 Contacts：

通信地址 Mailing Address：湖南省资兴市林业科学研究所
单位电话 Tel：0735-3322033
官方邮件地址 Official Email: 1511931515@qq.com
植物园负责人 Director：曹典平，1511931515@qq.com
引种负责人 Curator of Living Collections：陈跃龙
信息管理负责人 Plant Records in Charge：黄政
登录号 Number of Accessions：
栽培保育物种数 Number of Species：ca. 1 400
栽培分类群数量 Number of Taxa：

# 桂东植物园

## Guidong Botanical Garden

**建园时间 Time of Established：2013 年**

**植物园简介 Brief Introduction：**

隶属于郴州桂东县农科所，位于湖南省郴州市桂东县寨前镇水湾村 106 国道旁，紧临桂东县百里花卉苗木产业长廊中心地带，总面积 200 $hm^2$，其中核心区 13.3 $hm^2$。引种植物 48 科 159 种，总株数约 30 万株，设有名木奇树园、玫瑰园、红叶石楠园、桂花园、紫薇园、红枫园、罗汉松园，是集植物景观、科技示范、科普教育和生态旅游于一体的珍稀濒危植物保护、采集、繁育中心和花卉苗木展示平台。

## 联系方式 Contacts：

通信地址 Mailing Address：湖南省郴州市桂东县寨前镇水湾村
单位电话 Tel：0735-8671309
植物园负责人 Director：郭勤
引种负责人 Curator of Living Collections：郭慧雄
信息管理负责人 Plant Records in Charge：黄存忠
登录号 Number of Accessions：
栽培保育物种数 Number of Species：159
栽培分类群数量 Number of Taxa：

# 长白山植物园

## Changbaishan Botanical Garden

**建园时间 Time of Established：1958 年**

**植物园简介 Brief Introduction：**

位于吉林省延吉市帽儿山国家森林公园境内，占地 40 $hm^2$，隶属于延边州林业管理局林科院（长白山森工集团），以引种栽培长白山野生植物为主，从事科研科普教学活动。1987 年建立树木园，2000 年改为植物园，2007 年被征占损毁程度较重，2009 年重新开始小规模投资，开展恢复性建设。目前引种长白山野生植物 700 多种，初步建立树木标本园、草药园、色叶园、金达莱园 4 个专类园。

## 联系方式 Contacts：

通信地址 Mailing Address：吉林省延吉市帽儿山国家森林公园境内

官方网站 Official Website：http://gov.cbssgjt.com

植物园负责人 Director：姚雷，15944311896@163.com

引种负责人 Curator of Living Collections：王莹

信息管理负责人 Plant Records in Charge：王莹

登录号 Number of Accessions：

栽培保育物种数 Number of Species：700

栽培分类群数量 Number of Taxa：

# 长春森林植物园

## Changchun Forest Botanical Garden

**建园时间 Time of Established：1982 年**

**植物园简介 Brief Introduction：**

隶属于长春市林业科学研究院，海拔 220 ～ 378.5 m，年平均气温 4.8℃。1982 年建立，面积达 53 hm$^2$，坐落于风景秀丽的净月潭国家森林公园内，目前园内植物达 1 200 余种，其中木本植物 300 余种，草本植物 350 余种，珍稀濒危植物 500 余种。建有树木标本区、标本区、丁香园、玫瑰园、蕨类园、经济植物栽培区等。

## 联系方式 Contacts：

通信地址 Mailing Address：吉林省长春市净月潭旅游经济开发区净月潭
电话 Tel：0431-84513642
传真 Fax：0431-84551405
官方网站 Official Website：http://www.cclky.com
官方邮件地址 Official Email: ccslky@163.com
植物园负责人 Director：陈兴玲，chenxingling@163.com
引种负责人 Curator of Living Collections：陈兴玲，chenxingling@163.com
信息管理负责人 Plant Records in Charge：
登录号 Number of Accessions：
栽培保育物种数 Number of Species：1 200
栽培分类群数量 Number of Taxa：

# 长春市动植物公园

## Changchun Zoological and Botanical Garden

**建园时间 Time of Established：1987 年**

**植物园简介 Brief Introduction：**

始建于 1938 年，名为“新京动植物园”。1984 年起恢复建设，1987 年恢复部分动物馆舍对外开放，更名为长春市动植物公园，总面积 72 hm²。现有植物 134 种，植物专类园 4 个，是以动植物保护和观展为主要社会职能的专类林园，同时担负有野生动植物科普宣传、保护教育、动植物科研、地震宏观观测、休闲娱乐等功能，以动物为主、植物为辅的综合性服务场所。

## 联系方式 Contacts：

通信地址 Mailing Address：长春市南关区自由大路 2121 号，邮编 130022
单位电话 Tel：0431-81903938，0431-81903935
官方网站 Official Website：http://www.cczoo.net
官方邮件地址 Official Email:cczoo@126.com
植物园负责人 Director：王革

引种负责人 Curator of Living Collections：
信息管理负责人 Plant Records in Charge：
登录号 Number of Accessions：
栽培保育物种数 Number of Species：134
栽培分类群数量 Number of Taxa：

# 南京中山植物园

## Nanjing Botanical Garden Mem. Sun Yat-Sen, Chinese Academy of Sciences

**建园时间 Time of Established：1929 年**

**植物园简介 Brief Introduction：**

前身是傅焕光建立于1929年“中山先生纪念植物园”和1934年建立的“中央研究院动植物研究所”。1954年，中国科学院植物分类研究所华东工作站接管和重建了南京中山植物园，定名为中国科学院南京中山植物园。1960年发展成立中国科学院南京植物研究所，开始了植物园与植物研究所“园、所一体”的体制。1970年划归江苏省领导，定名为江苏省植物研究所（南京中山植物园）。1993年起，实行江苏省与中国科学院的双重领导，定名江苏省•中国科学院植物研究所（南京中山植物园）。植物园坐落于南京钟山风景区内，占地面积186 hm²，是集科研、科普和游览于一体的综合性现代植物园，是我国中、北亚热带的植物研究中心，集植物科学研究、植物资源收集保护、植物园建设和科普教育为一体的综合性公益机构。主要承担江苏地区植物，尤其是经济植物的基础理论、引种驯化、新品种培育与推广应用和生产、深加工相关技术的研究，承担华东地区植物资源多样性调查、搜集、战略保存和可持续利用研究。作为以植物资源的收集、引种、开发利用和保护为主要目标，开展了植物分类、药用植物、经济植物、观赏植物、植物化学、植物环境和物种保护、生态修复植物等方面的研究；开展城市园林植物多样性与现代城市植物生态研究，展示植物园林及景观建设先进技术，促进城市生态文明发展，取得了丰硕的成果，为植物多样性保护政策的制定和涉及植物资源的产业、行业发展等提供技术咨询和技术服务，促进农业、生物医药及城乡生态建设等领域的科学发展。设有植物多样性与系统演化、药用植物、经济植物、观赏植物、植物景观与生态工程等研究中心，以及江苏省植物迁地保护重点实验室、江苏省药用植物研究开发中心、植物信息中心等。植物园积极开展国际交流与合作，与60多个国家600多个单位保持着种苗、标本和图书资料的交换关系，成功主办了亚洲史上第一次国际植物园学术讨论会及第十一届国际植物园协会大会。活植物收集登录26 000号，迁地收集保存植物4 380种、7 000余个分类群（含品种），建成专类植物园区19个，其中松柏园收集物种120种，如水杉、池杉、圆柏、福建柏；蔷薇园收集物种325种，如月季、湖北海棠等，珍稀濒危园收集物种60种，如珙桐、羊角槭等，禾草园收集物种104种，如阳江狗牙根、矮蒲苇、芒属观赏草等。拥有我国最早建立的植物标本馆，馆藏植物标本70余万份，其特色以收集华东维管植物最为齐全，且我国老一辈植物学家秦仁昌、俞德浚、蔡希陶、王启无等20世纪30年代在云南以及当时的西康省等地采集的植物标本都完整保存，为中外植物学者进行科研和教学工作广泛利用。1987年该所新建3 000 m² 植物标本馆，配有先进的集装式标本柜，采用计算机管理系统管理。植物园融山、水、城、林于一体，秀色天成，风光旖旎，既是一个奥妙无穷的植物王国，又是一个独具魅力的旅游胜地。是国家、省及南京市三级科普教育基地和青少年科技教育基地，开展植物和环境保护意识为主要内容的科普教育。

## 联系方式 Contacts：

通信地址 Mailing Address：江苏省南京市中山门外前湖后村 1 号，邮编 210014

官方网站 Official Website：http://www.cnbg.net

官方邮件地址 Official Email: bgs@cnbg.net

植物园负责人 Director：薛建辉，025-84347001

引种负责人 Curator of Living Collections：任全进，025-84347098

信息管理负责人 Plant Records in Charge：殷茜

登录号 Number of Accessions：26 000

栽培保育物种数 Number of Species：4 380

栽培分类群数量 Number of Taxa：7 000

# 中国药科大学药用植物园

## China Pharmaceutical University Medicinal Botanical Garden

**建园时间 Time of Established：1958 年**

**植物园简介 Brief Introduction：**

创建于 1958 年，位于南京市北郊燕子矶地区，最初名为“南京药用生物园”，1964 年更名为“南京药用植物园”，1985 年更名为“中国药科大学药用植物园”。2009 年迁至中国药科大学江宁新校区。面积现已达到 21.3 $hm^2$，分为东西两个园区。西区面积约 11.3 $hm^2$，是搬迁初期的重点建设区域，采取仿野生的栽培模式，目的是更真实的反映植物原本的生长环境，种植各类华东地区常见的药用木本及草本植物，主要功能是提供华东地区各类药用植物的活标本，在教学实训中供学生认知、识别、掌握相关知识及了解它们的习性生境。东区面积约 10 $hm^2$，本着“自然生态、科学内涵、中医药文化”的设计理念，采取人工引种为主的栽培模式，展示园林生态景观特征及中医药文化内涵，设有时珍广场、太极八卦种植区、木本植物区、温室植物区、百草园、藤蔓植物区、岩生植物区、水生植物区、牡丹芍药园、药用植物种质资源圃及药用植物引种训化试验区等，配套有温室 1 000 $m^2$，荫棚 1 100 $m^2$。经过 10 余年的建设，整个园区现已初具规模，主要种植各类药用植物约 1 000 余种，其中乔木和灌木类植物近 200 种，草本植物近 800 种，温室植物 100 余种。园内山丘起伏，荷艳蒲香，生态环境优美，人文气息浓郁。自建园以来一直开展药用植物资源保护、生长发育、引种驯化以及栽培育种等多方面的研究。承担的“番红花球茎复壮、增产技术及推广研究”研究获国家科技进步二等奖，“江苏天麻引种培育研究”获江苏省科技进步三等奖。发表各类研究论文 100 余篇，并参与编写多部教材。作为学校重要的药用植物实训基地，在实践教学方面发挥了重要作用，曾于 1997 年获国家级教学成果二等奖、江苏省普通高等学校教学成果一等奖。药用植物园的宗旨是以药用植物为主要构景元素，以中医药文化为背景，在展示生态园林景观之中，体现中医药文化内涵，将中医的“阴阳太极”“天人合一”以及中药的“四气五味，升降沉浮”等中医药文化元素通过一物一景、一草一木展示出来，最终建设成为一个生态景观优美、人文气息浓郁、集教育与科学研究，以及园艺展示为一体的药用植物园，力求成为国家级药用植物实训教学中心及示范基地。

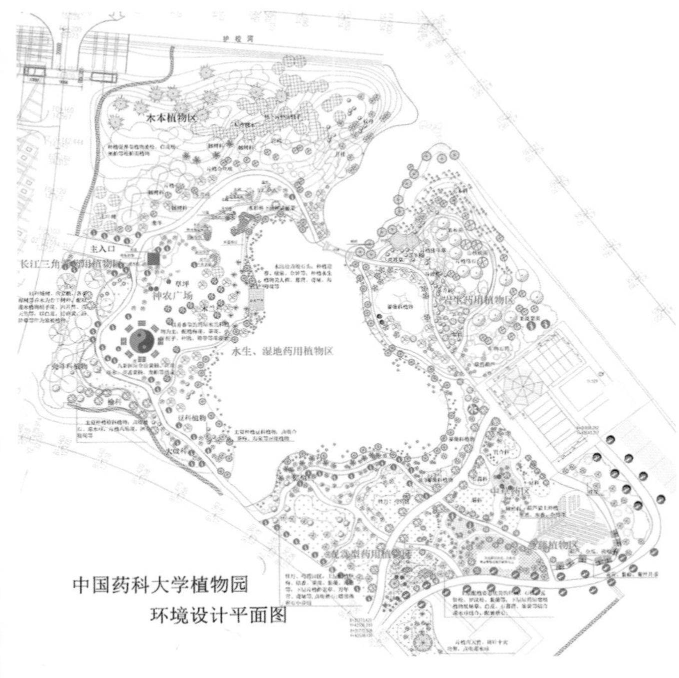

## 联系方式 Contacts:

**通信地址 Mailing Address**：江苏省南京市江宁区龙眠大道689号中国药科大学（江宁校区），邮编 211198

**单位电话 Tel**：025-86185103

**官方网站 Official Website**：http://zyxy.cpu.edu.cn

**植物园负责人 Director**：秦民坚，025-86185130 minjianqin@163.com

**引种负责人 Curator of Living Collections**：高峰，025-86185103，379684837@qq.com

**信息管理负责人 Plant Records in Charge**：陈晶鑫，025-86185103，chenjx1126@sina.cn

**登录号 Number of Accessions**：

**栽培保育物种数 Number of Species**：1 000

**栽培分类群数量 Number of Taxa**：

# 无锡太湖观赏植物园

# Taihu Ornamental Botanical Garden

**建园时间 Time of Established：1993 年**

**植物园简介 Brief Introduction：**

隶属于无锡市园林局，位于无锡西南部太湖鼋头渚风景区内，占地 150 $hm^2$，主要功能是保护乡土树种，引进外来树种以丰富太湖地区的植物种类。园内汇集有植物 180 个科 903 属 2 500 余种（含品种），划分为兰苑、竹类园、樱花区、山茶区、温室、水生植物区、天然植被保护区和岛屿植物区等 8 个区和梅园、杜鹃园、盆景园及花卉园艺中心 4 个专类园，保存无锡地区植物标本 2 000 余份。江南兰苑、太湖樱花谷、花菖蒲园三大植物专类园颇具特色，江南兰苑是中国兰花种质资源保护中心，收集我国传统兰花品种 500 余个，洋兰 100 多个品种，为国内兰花资源中心之一。太湖樱花谷占地 20 $hm^2$，栽植 68 个品种 3 万余株樱花；花菖蒲园收集鸢尾科植物 18 种，花菖蒲品种 157 个 2 万余株。另有木兰园、水生湿生植物展示区、树木园、竹类园、宿根植物花境以及热带植物观赏温室等多个专类园。

## 联系方式 Contacts：

通信地址 Mailing Address：无锡市太湖鼋头渚风景区管理处充山村 1 号（无锡市太湖观赏植物园），邮编 214086

单位电话 Tel：0510-85550807

传真 Fax：0510-85558396

官方网站 Official Website：http://www.ytz.com.cn

官方邮件地址 Official Email: office@wxytz.com

植物园负责人 Director：史明东，0510-85558841，smd0678@163.com

引种负责人 Curator of Living Collections：顾诩，0510-85554507

信息管理负责人 Plant Records in Charge：丁国强，0510-85553575，dingyuanyi@163.com

登录号 Number of Accessions：

栽培保育物种数 Number of Species：

栽培分类群数量 Number of Taxa：2 500

# 徐州市植物园

## Xuzhou Botanical Garden

**建园时间 Time of Established：2011 年**

**植物园简介 Brief Introduction：**

隶属于徐州市园林局，位于九里山南侧，占地40 hm$^2$，前身为徐州市苗圃，1958 年起开展了徐州地区及周边地区植物资源的调查、收集、引种栽培和繁殖利用。2011 年开始植物园建设，2012 年建成开园。在建设上以苗木品种多样性结合景观造景手法建设景观性植物园，在体现植物园植物物种保护、研究、教育、科普等功能的基础上，发展城市公园、休闲绿地，把植物园的功能与公园休闲的功能完善结合，乔灌草结合，尤其是多年生地被花境的应用，植物园景观地域特色浓郁，生态效益优良，群落稳定。在植物的品种方面，徐州市植物园在收集当地适生植物资源的基础上，充分发挥徐州南北交界的地理优势，收集一些过渡性品种，丰富植物多样性。建成后的植物园是一个集植物保护、科学研究、科普教育与旅游休闲为一体的综合性植物园。园区按功能分为植物专类园区，树木园区、盆景园区、观赏温室科普教育区、花卉交易展示区 5 大区。植物专类园主要有蔷薇园、木樨园、玉兰园、禾草园、柏类园、彩叶园、竹园、水生禾草园、药用植物园等多个专类小园区。树木园以保存徐州乡土树种资源为主，按品种、结合景观营造方式栽植，专门划出暖温带植物南缘树木园区，在园区还设有亲子园，栽植乔灌木 79 科 477 种；地被 72 科 294 种。盆景园是专门对盆景艺术进行存放、培育、教学及展示等多种功能为一体的专门性园林景观。科普教育区主要以展览温室为主，占地约 3 456 m$^2$，栽培多浆植物、热带花卉、芳香植物、热带蕨类、露兜植物、热带雨林植物、水果能源植物和水生植物 850 多种，分为苏铁和凤梨展览区、珍奇植物展示区、棕榈展示区等，同时设有结合声光电展示植物的生长过程的多媒体展示厅。花卉交易展示区占地约 8 000 m$^2$，作为花卉交易展示的平台，同时也为科普教育区温室服务。2012 年与南京中山植物园签订协议，合作共建南京中山植物园徐州分园。2013 年被命名为“徐州市青少年科普教育示范基地”及“江苏省科普教育基地”。

## 联系方式 Contacts:

通信地址 Mailing Address：江苏省徐州市平山路 3 号
单位电话 Tel：0516-82166106
传真 Fax：0516-82166106
官方网站 Official Website：http://www.xzszwy.com
官方邮件地址 Official Email：xzsmp@163.com
植物园负责人 Director：马亮，0516-82166169，xzsmp@163.com
引种负责人 Curator of Living Collections：徐万泰，0516-51286019
信息管理负责人 Plant Records in Charge：张洁，0516-85656808

登录号 Number of Accessions：1 350

栽培保育物种数 Number of Species：850

栽培分类群数量 Number of Taxa：ca.1 200

# 扬州植物园

## Yangzhou Botanical Garden

**建园时间 Time of Established：2011 年**

**植物园简介 Brief Introduction：**

位于扬州市茱萸湾风景区，面积 64 hm$^2$。1982 年始建为苗圃，2011 年改造提升为植物园，栽培保育植物 110 科 180 属 450 种，已形成茱萸园、芍药园、桂花园、琼花园、紫薇园、梅花园等专类花卉园。茱萸园占地 15 000 m$^2$，栽培了灯台树、光皮梾木、四照花、红瑞木、毛梾、吴茱萸林等植物。梅花园占地 1.3 hm$^2$，有骨红、檀香、绿萼等品种 2 000 多棵 40 多年的老树。芍药园占地面积 2.7 hm$^2$，栽培芍药品种 100 多个。植物园还建有千荚林、雪松林、卫矛林、水杉林、柿子林、香樟林等 6 大观景林。雪松林占地面积 2 hm$^2$，由 2 000 多棵 40~50 年树龄的高大挺拔的雪松形成。水杉林姿色优美，叶色秀丽。香樟林四季常青，姿态雄伟，冠大荫浓。柿子林枝繁叶大，秋果叶红，丹实似火。卫矛林风姿独特，秋叶耀眼。植物园注重历史遗迹的保护，恢复保存的历史遗迹有“隋炀帝北宫”遗址、扬州“二十四丛林”中的“第一丛林”遗址、“挹江控淮”碑亭、“荷风曲桥”遗址、宋井、茱萸宝塔、聆奕馆、茱萸轩、古运河风光带等，保留了大量珍贵的人文景观。

## 联系方式 Contacts：

通信地址 Mailing Address：江苏省扬州市茱萸湾路 888 号
单位电话 Tel：0514-87291539
传真 Fax：0514-87297217
官方网站 Official Website：http://www.yzzyw.com
官方邮件地址 Official Email：yzzyw@yzzyw.com
植物园负责人 Director：李文斌，0514-87290448 260461784@qq.com
引种负责人 Curator of Living Collections：高艳波，0514-87297882，515318157@qq.com
信息管理负责人 Plant Records in Charge：王振兴，0514-87291539 375357348@qq.com

登录号 Number of Accessions：420
栽培保育物种数 Number of Species：450
栽培分类群数量 Number of Taxa：450

# 崇川植物园

## Chongchuan Botanical Garden

**建园时间 Time of Established：2015 年**

**植物园简介 Brief Introduction：**

在始建于 1924 年的啬园基础上扩建而成植物园，老园区总面积 15.7 $hm^2$，扩建后占地面积 34.7 $hm^2$。园内各类树木 59 科 140 多种 1 万余株，有大龙柏、雪松、赤松、瓔珞柏、香樟、池杉、构骨、珙桐、日本柳杉、红豆杉、柞针、杜仲等珍稀树种。园内古木参天，墓道两旁枝干遒劲的大龙柏，树龄达 200 多年，此外还有多个树龄超百年的树种，如雪松、赤松、罗汉松、日本柳杉等。崇川植物园环境雅静，景色宜人，园内有水杉林、梅林、银杏林、香樟林等特色林木组成的风景林带，有青翠蔽天、随风摇曳的竹园，整个园林充满诗情画意。园内有张謇墓、张謇纪念馆、张氏飨堂、荷风莲韵、临溪鹤影、鱼乐廊、映山楼、松鹤轩、花溪等游览景点。特色主题植物展览，把自然与历史、传统与现代融为一体，形成了“名人、鸟语、花香、鱼游、绿色休闲”的旅游特色：夏季荷花展，栽种 100 多个荷花和 50 多个睡莲品种，涵盖了白、红、蓝、黄、粉等 5 种颜色，千姿百态、美不胜收；迎春百花会，时间为每年 3 月 25 日至 5 月 25 日，以郁金香、牡丹、芍药为主打，结合 100 余种奇花异卉，营造一个花香醉人、色彩缤纷的浪漫花海；秋季百果节，时间为 9 月 25 日至 11 月 25 日，以玉米、南瓜、花生等数十种农作物和金桔、石榴等 20 余种瓜果类盆景为元素，通过创意组合成一组组农家丰收的场景。崇川植物园是国家 AAAA 级旅游景区，是全国重点文物保护单位、江苏省环境教育基地、江苏省生态文明教育基地、南通市义务植树基地。

## 联系方式 Contacts：

通信地址 Mailing Address：江苏省南通市崇川区南郊路150号南通啬园风景区
单位电话 Tel：0513-85580358，85705980
传真 Fax：0513-85705061
官方网站 Official Website：http://www.ntseyuan.com
官方邮件地址 Official Email：seyuan2007@126.com
植物园负责人 Director：朱建明，0513-85705061
引种负责人 Curator of Living Collections：王伟，1115881865@qq.com
信息管理负责人 Plant Records in Charge：
登录号 Number of Accessions：
栽培保育物种数 Number of Species：ca.250
栽培分类群数量 Number of Taxa：ca.450

# 江西省中国科学院庐山植物园

## Lushan Botanical Garden, Chinese Academy of Sciences

**建园时间 Time of Established：1934 年**

**植物园简介 Brief Introduction：**

原名庐山森林植物园，创立于 1934 年 8 月，由著名植物学家胡先骕、秦仁昌和陈封怀创建。占地面积 333.3 $hm^2$（含鄱阳湖植物园）。重点收集保存山地植物资源，建成松柏区、珍稀植物园、杜鹃园、蕨类苔藓园、温室区、岩石园、猕猴桃园、草花区、东亚北美间断分布植物专类园、茶园、乡土灌木园、槭树园、药圃和苗圃等 15 个专类园区，引种保存活植物约 5 400 种，其中国家保护植物 115 种，特别在松柏类植物、杜鹃花属植物和蕨类植物的引种保育方面颇具特色。松柏区收集松柏类植物 11 科 48 属 248 种，代表种有红豆杉、东北红豆杉、南方红豆杉、白豆杉、穗花杉、香榧、日本金松、银杉、水杉、粗榧、三尖杉、日本冷杉、中甸云杉、福建柏、红桧、秃杉、金钱松、北美乔松、黄叶扁柏、欧洲刺柏等；杜鹃园由杜鹃分类区、国际友谊杜鹃园、杜鹃回归引种园及杜鹃谷 4 个园区组成，共收集杜鹃花属植物野生种 320 余种、品种近 200 个，代表种有云锦杜鹃、井冈山杜鹃、猴头杜鹃、江西杜鹃、百合花杜鹃、鹿角杜鹃、耳叶杜鹃、红滩杜鹃、桃叶杜鹃、露珠杜鹃、马银花、羊踯躅等；蕨类苔藓园收集蕨类植物 40 科 89 属 201 种；苔藓类 5 科 7 属 15 种，近万株。代表种有桫椤蕨、金毛狗、东方荚果蕨、庐山石韦、肾蕨、贯众、石松、荫地蕨、圆盖荫石蕨等。是我国生物多样性保护的重要基地，在中国科学院学科布局及地理区位上具有不可替代的地位。庐山植物园秉承“科学的内涵、美丽的外貌、文化的底蕴”的办园理念，每年接待中外游客 80 万人次，先后被授予“全国科普教育基地”“全国青少年科技教育基地”“全国青少年

走进科学世界科技活动示范基地”“全国野生植物科普教育基地”和江西省首批“科普教育基地”。1999年在全国科普工作大会上被授予“全国科普工作先进单位”称号。

## 联系方式 Contacts:

通信地址 Mailing Address：江西省九江市庐山含鄱口植青路9号，邮编332900

单位电话 Tel：0792-8282223

官方网站 Official Website：http://www.lsbg.cn

植物园负责人 Director：吴宜亚，wuyiya1969@sohu.com

引种负责人 Curator of Living Collections：张乐华，lehuaz@vip.sohu.com

登录号 Number of Accessions：

栽培保育物种数 Number of Species：5 400

栽培分类群数量 Number of Taxa：

# 赣南树木园

## Gannan Arboretum

**建园时间 Time of Established：1976 年**

**植物园简介 Brief Introduction：**

位于江西省赣州市上犹县和崇义县交界处的陡水湖国家森林公园内，隶属于赣南科学院，是一所自然环境优美、科学内涵丰富的地方性树木园。致力于收集、保护、研究、展示和开发利用赣南及南亚热带地区野生树种资源，特别是珍稀濒危树种，建立区域性树种基因库，力争成为赣南及南亚热带地区开展树种保护及研究的中心。现收集保育树种 1 300 余种，约占南岭山地木本植物总数的 72%，其中国家级保护树种 50 余种，江西省重点保护树种 90 余种，建有树种收集区、树种展示区、树种试验区、林木良种基地等功能区。标本室收藏有植物腊叶标本近 2 万份，种子标本 1 800 余份，是江西省目前收集种子标本种类最全、数量最多的标本室之一。赣南树木园以赣南及南亚热带地区树种资源的收集、保护和开发利用为主要目标，围绕生物多样性保护与可持续利用领域开展了植物分类、珍稀树种保护、经济树种、植物环境等方面的基础性研究，取得了一定的成果，多项课题荣获省市科技进步奖。

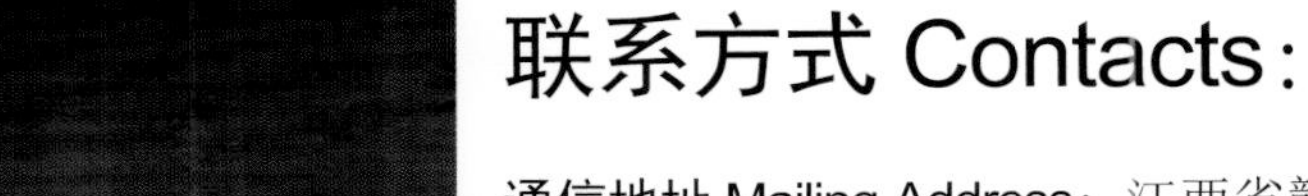

## 联系方式 Contacts：


**通信地址 Mailing Address**：江西省赣州市上犹县陡水镇，邮编 341212

**单位电话 Tel**：0797-8501148

**传真 Fax**：0797-8501148

**官方网站 Official Website**：http://www.gnas.cn

**官方邮件地址 Official Email**：jxsgnsmy@163.com

**植物园负责人 Director**：胡小康，0797-8501526,jxsgnsmy@163.com

**引种负责人 Curator of Living Collections**：李干荣，0797-8501148,smylgr@163.com

**信息管理负责人 Plant Records in Charge**：詹俊明，0797-8501148,jxsgnsmy@163.com


**登录号 Number of Accessions**：

**栽培保育物种数 Number of Species**：1 305

**栽培分类群数量 Number of Taxa**：1 316

# 大岗山树木园

## Dagangshan Arboretum

**建园时间 Time of Established：1979 年**

**植物园简介 Brief Introduction：**

隶属于中国林科院亚热带林业实验中心，又名中国林科院亚热带林业实验中心树木园，职工 40 人。园区面积 212.5 $hm^2$，定位于建设成我国中北亚热带地区最大的林木种质资源迁地保存库，主要任务是引种驯化、推广中北亚热带优良乔、灌木树种，开展生态文明宣传教育、林业知识产权保护和科普教育。目前已引种 98 个科 270 属近 1 100 种树种，其中江西省乡土树种约 600 种；省外树种 330 种；国外树种 71 种，收集和保存竹类 117 种，有国家 I 级保护树种 11 种，如红豆杉、金钱松、银杏、秃杉等；国家 II 级保护树种 25 种，如红豆树、青钱柳、毛红椿、鹅掌楸等；属于国家重点保护的珍稀濒危植物 30 多种。承担或参与亚热带优良树种引种试验、杉木种子园建设、杉木子代测定试验、油茶种源试验、福建柏种源试验、墨西哥柏、藏柏、美国银色花柏引种试验、国外松菌根试验、亚热带森林植物种质资源库建设项目等科研项目，取得成果 12 项，获奖 6 项。2005 年起先后被授予江西省青少年科技教育基地、江西省青少年生态教育基地、江西省新余市科普教育基地。2006 年批准成立国家林业局植物新品种测试中心华东分中心。2008 年起被评为新余市文明单位。2012 年被授予全国科普教育基地称号。

## 联系方式 Contacts：

通信地址 Mailing Address：江西省新余市分宜县山塘下，邮编 336600

单位电话 Tel：0691-8715071，0790-5895689

传真 Fax：0691-8715070，0790-5895689

官方网站 Official Website：http://www.seccaf.ac.cn

植物园负责人 Director：陈传松 0790-5895909

引种负责人 Curator of Living Collections：王丽云 0790-5895877

信息管理负责人 Plant Records in Charge：卢园生，0790-5895595，lysh1996@163.com

登录号 Number of Accessions：

栽培保育物种数 Number of Species：810

栽培分类群数量 Number of Taxa：1 095

# 南昌植物园

## Nanchang Botanical Garden

**建园时间 Time of Established：1980 年**

**植物园简介 Brief Introduction：**

隶属于江西省林业科学研究院。1956 年成立江西省林业科学研究所，1980 年在原植树造林实验队基础上组建江西省林业科学研究所树木园，2001 年经江西省编办批准更名为“江西省林业科学院南昌植物园”。地处南昌市北郊梅岭风景区南端，园区最高海拔 530 m，全园占地面积 133.3 $hm^2$。经历 60 多年的科学研究与建设，在植物资源的收集保存、保护研究和开发利用等方面取得了较丰硕的科技成果，培养和成长了一支高水平的科技队伍，收集活植物 109 科 301 属 2 000 余种（包括亚种、变种、变型及栽培品种）木本植物，建有山茶园、竹园、木兰园、槭树园、杜鹃园、珍稀濒危树种园、江西珍稀树种基因库、银杏及桂花基因库等 12 个植物专类园区，对开展区域性植物种质资源保护、研究和展示、资源利用和生态保护、森林知识和森林文化普及发挥了重要作用。江西珍稀树种基因库收集我国中亚热带分布的国家级和省级重点保护的 93 个珍稀树种，收集、保存基因资源 985 号；竹园和山茶园收集保存竹类品种 19 属 160 余种、山茶属山茶品种近 600 余种。1999 年 9 月被江西省科学技术委员会批准为“江西省生物科普教育基地，12 月被批准为“全国青少年科技教育基地”。

## 联系方式 Contacts:

通信地址 Mailing Address: 江西省南昌市昌北经济开发区，邮编 330013

单位电话 Tel：0791-83833728

传真 Fax：0791-83833718

官方网站 Official Website：http://www.jxlky.cn

官方邮件地址 Official Email：jxlkyxb@163.com

植物园负责人 Director：杜强，307908300@qq.com

引种负责人 Curator of Living Collections：杜强

信息管理负责人 Plant Records in Charge：文野

登录号 Number of Accessions：2 650

栽培保育物种数 Number of Species：1 300

栽培分类群数量 Number of Taxa：1 526

# 熊岳树木园

## Xiongyue Arboretum

**建园时间 Time of Established：1915 年**

**植物园简介 Brief Introduction：**

隶属于辽宁省果树科学研究所，始建于 1915 年，是我国植物园中建园最早，收集北方树种最全的树木园之一。1915 年，日本人草间正庆开始筹建树木园，面积为 1.47 $hm^2$，栽培着以东北所产树木为主，还有日本、朝鲜及北美等地的树种。新中国成立以后，树木园得到了各级领导的高度重视，采取多渠道的引种工作，现已发展到占地 6.5 $hm^2$，保存来自亚洲、欧洲、北美洲的珍稀树木 63 科 163 属 550 种。1980 年，草间正庆的女儿，携带着父亲的印章和钥匙，珍藏在熊岳树木园内亲手栽植的北美乔松树下，以示纪念。熊岳树木园以活物标本的形式保存着北方树木各种资源，为农林科学研究和院校师生学习和研究北方树种形态分类、生态习性等提供实物标本，为林业、果树选种和育种提供了重要的原始材料。现已成为辽宁省素质教育基地及辽宁省生态文化教育基地。现已建立木兰园、蔷薇园、杜鹃园、牡丹园、樱花园、松柏园、彩色园 7 个专类园。在省级以上刊物发表文章 52 篇，培育新品种 5 个。建立迁地保护区，共有近 200 种进行了迁地保护。

## 联系方式 Contacts：

通信地址 Mailing Address：辽宁省营口市鲅鱼圈区熊岳镇

单位电话 Tel：0417-7033419

官方网站 Official Website：http://www.lngss.com.cn

植物园负责人 Director：于德林，smy1915@163.com

引种负责人 Curator of Living Collections：王冬

信息管理负责人 Plant Records in Charge：刘晓菊，sdauliuxj@163.com

登录号 Number of Accessions：

栽培保育物种数 Number of Species：550

栽培分类群数量 Number of Taxa：670

# 中国科学院沈阳应用生态研究所树木园

# Shenyang Arboretum of Institute of Applied Ecology, Chinese Academy of Sciences

**建园时间 Time of Established：1955 年**

**植物园简介 Brief Introduction：**

始建于 1955 年，由著名的植物学家刘慎谔先生和生态学家王战先生创建。树木园（老园）面积 5 hm$^2$，位于沈阳城市中心。2005 年树木园辉山分园建设起步，建设面积 160 hm$^2$，位于城市近郊。立足东北，收集、保存和研究我国东北地区原生植物种质资源，是具东北区域特色的植物园。经过几代科学家的努力，园内现已建有裸子植物区、珍稀濒危植物园、非豆科固氮植物区、水杉区、槭树区等 10 余个专类园区，重点引种保存长白、华北、蒙古植物区系中重要的乔木、灌木和部分草本植物以及稀有濒危植物，迁地栽培植物 1 038 种，其中木本 672 种，濒危植物 60 种。城市适宜树种区收集植物 356 种，代表性物种有蒙古栎、油松、水曲柳、黄蘗、紫丁香、锦带等；药用植物区收集植物 86 种，代表性物种有杜仲、蛇白蔹、知母、地椒、白头翁、桔梗等；蔷薇植物区收集植物 56 种，代表性物种有山樱、山杏、海棠、绣线菊、棣棠、绣线梅、委陵菜等；固氮植物区收集植物 20 种，代表性物种有刺槐、国槐、胡枝子、锦鸡儿、银柳胡颓子、秋胡颓子等；裸子植物区收集植物 16 种，代表性物种有银杏、油松、东北红豆杉等。园内植物经过 50 多年的生长和自然更新，蔚然成林，被誉为“大城市中的小森林”。

## 联系方式 Contacts：

通信地址 Mailing Address：沈阳市沈河区万柳塘路 52 号，邮编 110015

单位电话 Tel：024-24811558

官方网站 Official Website：http://www.iae.cas.cn

植物园负责人 Directors：何兴元，陈玮，chenwei5711@163.com

引种负责人 Curator of Living Collections：黄彦青，hyq122600@163.com

信息管理负责人 Plant Records in Charge：李岩，ly_qianer@163.com

登录号 Number of Accessions：

栽培保育物种数 Number of Species：701

栽培分类群数量 Number of Taxa：

# 沈阳药科大学药用植物园

## Medicinal Botanical Garden of Shenyang Pharmaceutical University

**建园时间 Time of Established：1955 年**

**植物园简介 Brief Introduction：**

始建于 1955 年，位于校园中轴线（南北向）东侧，呈长方形，南北长 120 m，东西宽 110 m，占地面积约 1.3 万 $m^2$。地理位置北纬 41°46′，东经 123°6′，海拔 40 m，属暖温带半湿润季风性大陆气候，年平均温度 7.5℃，极端最高气温 40.1℃，极端最低气温 -30.7℃，年平均降水量 756 mm。植物园承担沈阳药科大学药用植物学、中药学、生药学及相关学科的教学试验基地及科研材料的供应基地，辽宁省和沈阳市级科普基地，兼顾引种、驯化及植物保护研究工作。从建园至今，现已收集、保存以东北植物为主要的药用植物 132 科 900 余种，建有标本区、藤本区、阴生植物区、引种试验区和温室 5 个专类园区。

## 联系方式 Contacts：

通信地址 Mailing Address：沈阳市沈河区文化路 103 号 19，邮编 110016

单位电话 Tel：024-23986472

官方网站 Official Website：http://www.syphu.edu.cn

植物园负责人 Director：孙伟，024-23986472，yaocaoyuan@163.com

引种负责人 Curator of Living Collections：孙伟

信息管理负责人 Plant Records in Charge：孙伟

登录号 Number of Accessions：

栽培保育物种数 Number of Species：900

栽培分类群数量 Number of Taxa：

# 沈阳市植物园
## Shenyang Botanical Garden

**建园时间 Time of Established：1959 年**

**植物园简介 Brief Introduction：**

创建于 1959 年，由时任沈阳市委第一书记焦若愚同志指示筹建。初隶属于沈阳城市建设局，1962 年由沈阳市园林处接管，1966~1976 年期间并入东辉林场，1973 年恢复建制。1981 年沈阳市园林处与沈阳市绿化处机场分设，植物园划入绿化处，1988 年改属沈阳市园林科学研究所，1994 年重新归属沈阳市城建局，成为局直属事业单位。2001 年归沈阳市棋盘山国际风景旅游开发区。2013 年划归沈阳市浑南区。引种植物 900 种，建专类园区 20 个，引进牡丹、芍药 150 多种（包括品种），现有植物约 1 700 种。

## 联系方式 Contacts：

通信地址 Mailing Address：沈阳市浑南（东陵）区双园路301号

单位电话 Tel：024-88038035

官方网站 Official Website：http://www.syszwy.com.cn

植物园负责人 Director：魏春巍，024-88038001，88038300@163.com

引种负责人 Curator of Living Collections：张岩，zhangzhongpu1965@163.com

信息管理负责人 Plant Records in Charge：张岩，zhangzhongpu1965@163.com

登录号 Number of Accessions：

栽培保育物种数 Number of Species：600

栽培分类群数量 Number of Taxa：650

# 大连市植物园

## Dalian Botanical Garden

**建园时间 Time of Established：1980 年**

**植物园简介 Brief Introduction：**

隶属于大连市风景园林处，始建于1920年，名“南山麓公园”。1930年更名为“弥生个池公园”。解放后，于1950年5月14日重新修缮后改名为“南山公园”。1966年9月5日，鲁迅先生的纪念碑由原大连动物园迁至此地，公园再次更名为“鲁迅公园”。1980年7月21日，为适应园林事业的发展，公园定名为“植物园”并沿用至今。占地32.4 $hm^2$，展览区面积15.9 $hm^2$。员工总人数82人，其中园林专业技术人员32人，科普工作人员8人。植物园总面积25.7 $hm^2$，其中植物专类园区面积0.6 $hm^2$，引种保育区0.5 $hm^2$，自然植被16.5 $hm^2$，建有竹园、梅园、樱花园和水生植物园等专类园区4个，迁地栽培和保育植物113种。

## 联系方式 Contacts：

通信地址 Mailing Address：大连市中山区望海街 39 号
官方网站 Official Website：http://www.cjj.dl.gov.cn
单位电话 Tel：0411-82735136，0411-83684091
官方邮件地址 Official Email: lvhuabu@163.com
植物园负责人 Director：韩继成
引种负责人 Curator of Living Collections：董克宇 0411-82721856
信息管理负责人 Plant Records in Charge：刘德清
登录号 Number of Accessions：
栽培保育物种数 Number of Species：113
栽培分类群数量 Number of Taxa：

# 大连英歌石植物园

## Dalian Yinggeshi Botanical Garden

**建园时间 Time of Established：2003 年**

**植物园简介 Brief Introduction：**

始建于 2003 年，2014 年正式对外营业。位于大连高新园区龙王塘街道英歌石村，是全国首家由民营企业投资的综合性植物园。全园面积 95.57 $hm^2$，保育植物 126 科 365 属 3 021 种，植物品种保有量居东北各植物园之首。建有牡丹园、芝樱园、海棠园、玉兰园、桃花园、春园、郁金香园、药草园、花园艺术展示区等 14 个植物专类园以及儿童园等娱乐休闲设施，是一个集植物科研、科普、旅游休闲于一体的综合性植物园，被原国家林业局命名“全国林业科普基地”。

## 联系方式 Contacts：

通信地址 Mailing Address：大连高新园区龙王塘街道英歌石村

单位电话 Tel：0411-86286766

传真 Fax:0411-86286766

官方网站 Official Website：http://www.ygszwy.com

植物园负责人 Director：孙洪奎，1738235651@qq.com

引种负责人 Curator of Living Collections：李相利，962322253@qq.com

信息管理负责人 Plant Records in Charge：佟铁强，13889629185@126.com

登录号 Number of Accessions：

栽培保育物种数 Number of Species：3 021

栽培分类群数量 Number of Taxa：

# 沈阳市树木标本园

## Shenyang Tree Specimens Garden

**建园时间 Time of Established：2009 年**

**植物园简介 Brief Introduction：**

占地面积 9.7 hm$^2$，隶属于沈阳市园林科学研究院，是集活植物收集、植物科学研究、保护、展示和科普教育为一体的公园，于 2009 年 5 月建成，当年 8 月对市民免费开放。依托沈阳市园林科学研究院，以搜集、展示北方地区的植物资源为主，包括树木标本区、花卉展示区和植物游憩区 3 大主题园区。其中树木标本区主要对北方园林树木进行引种驯化为主，始建于 1963 年，收集了众多的植物资源，通过科学的造园方法，体现出优美的园林景观。花卉展示区始建于 2005 年，侧重于示范栽植宿根花卉等地被植物。2008 年结合树木标本园和花卉展示区改造，标本公园重新规划建设。植物游憩区着重于生态园林景观的营造，通过形成的若干特色植物景观，展示城市园林的社会效益与生态效益。全园共搜集植物 600 多种，其中树木 330 多种、草本植物 300 种；国家珍稀濒危植物 22 种，如天目木兰、长白松、紫斑牡丹等国家Ⅰ、Ⅱ级保护植物种水杉、鹅掌楸、杜仲、大果青扦等。公园不仅成为植物多样性保护和研究、开发与应用的重要基地，也是进行科普教育，提高民众文化素养，以及旅游和休憩的理想场所。

## 联系方式 Contacts:

通信地址 Mailing Address：辽宁省沈阳市沈河区青年大街199号，沈阳市园林科学研究院，邮编 110016

单位电话 Tel：024-23915429，23915341

传真 Fax：024-23899437

官方网站 Official Website：http://www.sysyky.cn

官方邮件地址 Official Email：ykykyb@163.com

植物园负责人 Director：耿星亮，024-23916637，35926187@qq.com

引种负责人 Curator of Living Collections：耿星亮

信息管理负责人 Plant Records in Charge：李娜，024-23917046，952773497@qq.com

登录号 Number of Accessions：

栽培保育物种数 Number of Species：600

栽培分类群数量 Number of Taxa：

# 阿尔丁植物园

## Arding Botanical Garden

**建园时间 Time of Established：1956 年**

**植物园简介 Brief Introduction：**

始建于 1956 年，前身为包头市第三苗圃，2002 年改建为植物园，2003 年正式免费对外开放，占地 90.4 $hm^2$，分为东、西两园，集科普、科研、文化、休闲等多功能于一体。规划内容包括科普游览区、科研试验区、花苑人工湖区 4 部分，现已初步建成的科普游览区分为松柏园、秋韵园、市树园、丁香园、蔷薇园、忍冬园、春花园、槐香园、彩叶园、海棠园、药草园、芍药园、草花园、水生植物园等 14 个植物专类园。规划引种 65 科 450 种植物，至 2017 年已收集各类植物 65 科 187 种，其中有针叶树种 12 种，阔叶树 100 种，草本植物 75 种。

## 联系方式 Contacts：


通信地址 Mailing Address：内蒙古包头市昆区青年路 3 号（阿尔丁植物园）

官方网站 Official Website：http://www.baotou.gov.cn/info/1215/16298.htm

官方邮件地址 Official Email:5148251@baotou.gov.cn

植物园负责人 Director：张尧，0472-5118148

引种负责人 Curator of Living Collections：常玉山，0472-5188487，；墨红艳 0472-5120980

信息管理负责人 Plant Records in Charge：安君 ,0472-5155472


登录号 Number of Accessions：

栽培保育物种数 Number of Species：187

栽培分类群数量 Number of Taxa：

# 内蒙古林科院树木园

## Arboretum of the Inner Mongolia Academy of Forestry

**建园时间 Time of Established：1956 年**

**植物园简介 Brief Introduction：**

始建于 1956 年，坐落于呼和浩特市赛罕区，占地面积 22 $hm^2$，目前保育各类乔灌木树种 53 科 122 属 500 余种（包括变种），是我国北方半干旱地区树木种质资源保存及树木引种驯化的重要科研基地。树木园主要分为 5 个展览区和 1 个苗圃：裸子植物区占地 7.5 $hm^2$，设有针叶移植圃，种植各种松柏类树种 60 多种，其中云杉属 20 种；被子植物区占地 9.5 $hm^2$，设有杨树小区、榆树小区、蔷薇小区等，种植各种各类乔灌木 300 余种，以杨属、榆属、枸子属、白腊属、丁香属、忍冬属的种类较为丰富；旱生植物区占地 1.5 $hm^2$，种植各类耐干旱、耐寒冷的灌木树种 60 余种，以柽柳、锦鸡儿属为主；水生植物区 0.2 $hm^2$，种植睡莲科、千屈菜科等植物；温室区主要繁育保存热带树种、苗木与花卉；苗圃主要进行植物引种和繁育。经过几十年的建设，内蒙古林科院树木园目前已经成为资源保存、研究和科普教育等功能于一体的综合性树木园。现为中国植物学会植物园分会和中国环境科学学会植物园保护分会的理事单位，与国内外 50 余个植物园、树木园有着直接的业务往来，每年接待各类专家学者 500 余人次。是内蒙古地区重要的科普教育宣传基地，经常性的接待内蒙古农业大学、内蒙古师范大普等大中专院校和广大中小学生开展植物学实习和生物课教学，每年配合自治区科协、呼和浩特市科协举办环境保护和生态教育等相关活动。1999 年 10 月被中国科协命名为“全国科普教育基地”，是内蒙古自治区第一批命名的六个科普基地之一；2009 年被中国林学会命名为“全国林业科普基地”。

## 联系方式 Contacts：

通信地址 Mailing Address：内蒙古呼和浩特市赛罕区新建东街 288 号内蒙古林科院
官方网站 Official Website：www.nmglky.com
植物园负责人 Director：刘平生，nmlkylps@163.com
引种负责人 Curator of Living Collections：刘平生，nmlkylps@163.com
信息管理负责人 Plant Records in Charge：陈建红
登录号 Number of Accessions：
栽培保育物种数 Number of Species：530
栽培分类群数量 Number of Taxa：650

# 赤峰植物园

## Chifeng Botanical Garden

**建园时间 Time of Established：1987 年**

**植物园简介 Brief Introduction：**

隶属于赤峰市洪山国家森林公园，坐落在赤峰市东郊的红山麓畔。占地 26.7 hm$^2$，是集科研、科教、科普观光、游乐于一体的北方植物园。1987 年建园，前身是赤峰树木园。1998 年更名为植物园，1999 年 5 月开放。现有树种 44 科 94 属 245 种，花卉盆景 200 余种，植物已达 500 余种。建成了树木专类区、儿童娱乐区、花卉观赏区、珍稀植物区、水上乐园区、森林功能区、盆景观赏区、了望畅想区、别有洞天区等 16 个景区，成为赤峰地区游客认识自然，学习自然，爱护自然，利用自然的理想基地。

## 联系方式 Contacts:

通信地址 Mailing Address：内蒙古赤峰市红山区三道东街
植物园负责人 Director：邵永生，0476-8667385
引种负责人 Curator of Living Collections：
信息管理负责人 Plant Records in Charge：
登录号 Number of Accessions：
栽培保育物种数 Number of Species：245
栽培分类群数量 Number of Taxa：

# 宁夏银川植物园

## Yinchuan Botanical Garden

**建园时间 Time of Established：1986 年**

**植物园简介 Brief Introduction：**

坐落于宁夏回族自治区首府银川市金凤区西南，海拔 1 115 m，占地 286.7 $hm^2$，处于贺兰山东麓洪积扇下缘腹部沙地，年平均气温 8.5℃，年平均降水量 180 mm 左右。始建于 1986 年，现隶属于宁夏林业研究院股份有限公司。园区立足西北地区特色沙旱生植物种质资源，开展种质资源收集、保存与开发利用和植物园建设。历经 30 年，沙漠变绿洲，银川植物园植被覆盖率达 85%，现已发展成为集科学研究、科技示范、科普教育、产业化生产和生态观光旅游为一体的综合性园区，园区建有国家经济林木种苗快繁工程技术研究中心、种苗生物工程国家重点实验室、西北林木种苗工程重点实验室、西北特色经济林栽培与利用国家地方联合工程研究中心、国家林业和草原局枸杞工程技术研究中心 5 个国家级研发平台。目前植物园收集保存有各种植物 800 余种，分别建有沙旱生植物专类园、六盘山植物专类园、园林景观植物专类园区、丁香、海棠等专类园，培育新品种 9 个，审定国家和宁夏林木良种 12 个。其已成为西北地区珍稀濒危植物种质源保存基地和半荒漠地区植物引选育的基因库。

## 联系方式 Contacts：

通信地址 Mailing Address：宁夏银川市兴庆区清河南街1350号，750001

单位电话 Tel：0951-5667119

传真 Fax:0951-5667116

官方网站 Official Website：http://www.senmiao.com

植物园负责人 Director：沈效东

引种负责人 Curator of Living Collections：朱强，Qzhu2008@163.com

信息管理负责人 Plant Records in Charge：朱强，Qzhu2008@163.com

登录号 Number of Accessions：

栽培保育物种数 Number of Species：800

栽培分类群数量 Number of Taxa：

# 西宁市园林植物园

## Xining Landsape Botanical Garden

**建园时间 Time of Established：1984 年**

**植物园简介 Brief Introduction：**

筹建于 1981 年，1994 年正式对外开放，占地 66.67 hm²。建有引种驯化区、蔷薇园、丁香园、盆景园、松柏园、卉草园等植物专类园区和古朴典雅园林建筑。建园前园区立地仅有 20 世纪 70 年代以前的部分青杨、油松和云杉林，植被稀疏、树种单一。1984~1987 年间先后从北山林区、大通宝库、东峡林区、循化孟达林区、祁连仙米林区和黄南麦秀林区引进各种野生观赏植物 41 科 81 属 215 种，建立引种驯化区、丁香园、蔷薇园。1989~1994 年投资建设了管理区、卉草园与盆景园建筑以及松柏园、丁香园、蔷薇园入口区，先后从兰州、北京、江苏、广州等地引进搜集、引进灌木、花卉、盆景和亚热带植物，完善卉草园、松柏园、盆景园植物配置。植物园目前迁地栽培各类植物 97 科 279 属 630 余种植物，成为我国西北植物种质资源保存的集中地之一。

## 联系方式 Contacts：

通信地址 Mailing Address：青海省西宁市城西区西山三巷5号

植物园负责人 Director：范玉芹，565380870@qq.com

引种负责人 Curator of Living Collections：刘国强，834418593@qq.com

信息管理负责人 Plant Records in Charge：朱强，Qzhu2008@163.com

登录号 Number of Accessions：

栽培保育物种数 Number of Species：630

栽培分类群数量 Number of Taxa：

# 山东农业大学树木园

## Arboretum of Shandong Agricultural University

**建园时间 Time of Established：1956 年**

**植物园简介 Brief Introduction：**

前身为山东林校树木园，创建于 1956 年，1999 年与山东农业大学合并后更名为山东农业大学树木园。占地 4.13 $hm^2$，位于红门路中段泰山南麓王母池以南，主要为教学实习基地，收集展示热带、亚热带及寒温带的各类植物，种植有美国山核桃等部分国外植物。树木园内竹子种类繁多，以长江以北竹种较多。

## 联系方式 Contacts：

通信地址 Mailing Address：山东省泰安市红门路 32-1 号
单位电话 Tel：0538-8242291
传真 Fax:0538-8226399
官方网站 Official Website：http://www.sdau.edu.cn
官方邮件地址 Official Email: noc@sdau.edu.cn
植物园负责人 Director：谢蓝禹
引种负责人 Curator of Living Collections：
信息管理负责人 Plant Records in Charge：
登录号 Number of Accessions：
栽培保育物种数 Number of Species：300
栽培分类群数量 Number of Taxa：

# 山东中医药高等专科学校植物园

## Botanical Garden of Shandong College of Traditional Chinese Medicine

**建园时间 Time of Established：1958 年**

**植物园简介 Brief Introduction：**

位于学校老校区莱阳市，种植药用植物 600 余种，种植规模达 14 hm$^2$，建设了药用植物识别区、药用植物种植区、药用植物观赏区、药用植物栽培温室 4 个教学区域，温室规模达 300 m$^2$。烟台新校区种植药用植物 200 余种，包括寒带植物、温带植物、亚热带植物，种植面积 2 hm$^2$，校内药用植物处处可见。药用植物规范化种植示范基地位于烟台牟平区龙海镇山麓，2016 年建设，占地 7.73 hm$^2$，分为道地中药材高产栽培区、中药材新品种试验栽培区、中药材栽培技术和模式展示区，道地中药材良种繁育区等区域，主要品种有北沙参、栝楼、金银花、桔梗、丹参、板蓝根、白术、地黄、黄芩、红花等 20 多种山东道地或特色中药材。基地坚持“最大持续产量”原则，用规范化管理和质量监控手段，开展土质养育、种质选育、良种繁育、栽培管理，保护野生药材资料和生态环境，实现资源的可持续利用。将基地打造成中药材规范化种植基地、道地中药材良种繁育基地、科技成果转化基地、教育教学实训实习基地。

## 联系方式 Contacts：

通信地址 Mailing Address：山东省烟台市滨海东路 508 号
单位电话 Tel：0535-5136965（中药系办公室）
官方网站 Official Website：http://www.stcmchina.com
植物园负责人 Director：江晓明，sdzyyjxm@163.com
引 种 负 责 人 Curator of Living Collections：张钦德，zhangqinde0929@163.com
信息管理负责人 Plant Records in Charge：项东宇
登录号 Number of Accessions：
栽培保育物种数 Number of Species：ca.620
栽培分类群数量 Number of Taxa：

# 青岛植物园

## Qingdao Botanical Garden

**建园时间 Time of Established：1976 年**

**植物园简介 Brief Introduction：**

始建于 1976 年，占地 81.38 $hm^2$，位于市区太平山景区南麓，地形起伏、地貌复杂，生态环境多样。是以林木花卉等观赏植物为主的集科研科普、花木繁育和观赏于一体的综合性旅游景点。自然景观丰富，气候冬暖夏凉，园内荟萃国内具有较高欣赏价值的各类花木 400 余种，其中珍稀濒危植物近 80 种。青岛植物园立足于植物资源的保护、优良品种引种驯化和植物科学的普及工作。经过 40 多年的努力，已基本形成了以植物建园为主，游览观赏并举的风格。同时保存了部分珍稀濒危物种。现有树木品种 237 种，主要品种有五针松、水杉、樱花、石岩杜鹃、耐冬。2013 年，太平山中央公园三期改造按照“世界眼光、国际标准、本土优势”的总要求，以绿色青岛建设工作为中心，以保护生态为原则，忠实的继承和保护了唯美的自然禀赋，拆除原有破旧危房以及破乱游乐设施，还绿于民，充分发掘一战战场遗迹等历史文化以及太平山闻名遐迩的樱花、独具特色的植物景观资源、观赏及文化历史价值较高的古树名木等素材，利用丰富的地形、沟壑谷地等山石资源，着力将太平山中央公园植物园区域打造成一个主题突出、保护生态、功能完善、文脉传承的一流植物展示园区，使其成为 2014 青岛世园会太平山分会场重要的组成部分。

## 联系方式 Contacts：

通信地址 Mailing Address：青岛市市南区郧阳路 33 号，邮编 266071

单位电话 Tel：办公室 0532-83866406，刘兆明，qdzwy1179@126.com

官方网站 Official Website：http://www.qdzwy.com

植物园负责人 Director：万安平

引种负责人 Curator of Living Collections：宋健

信息管理负责人 Plant Records in Charge：杨燕燕，yuheyudian@126.com

登录号 Number of Accessions：

栽培保育物种数 Number of Species：400

栽培分类群数量 Number of Taxa：

# 山东临沂动植物园

## Shandong Linyi Zoological and Botanical Garden

**建园时间 Time of Established：1999 年**

**植物园简介 Brief Introduction：**

位于山东省临沂市东部生态旅游度假区核心位置，国家 AAAA 级旅游景区，是鲁南苏北地区唯一大型综合生态旅游目的地，辐射人口达 5 000 万人，年可实现接待游客 260 余万人。作为临沂市打造“沭河 – 马陵山”风景区、构建蒙山沂水大旅游格局的重要组成部分，旅游区总投资逾 7 亿元，规划占地面积 200 $hm^2$，致力于打造“全国区域生态养生特色度假区”“全国青少年教育实践平台”“山东省动植物研究展览基地”“鲁南重要旅游目的地”和“沂蒙文化集中体现区”。临沂动植物园旅游区围绕教育实践、动植物保护和研究、文化休闲 3 大主题，依水而建，以水为媒，注重本土特色的挖掘与展示，形成层次丰富、建筑景观点缀其中、个性鲜明的景区景象。

## 联系方式 Contacts：

通信地址 Mailing Address：山东省临沂市经济技术开发区厦门路与沭河大道交汇处
单位电话 Tel：0539-8878839
官方网站 Official Website：http://www.lydzwy.cn
官方邮件地址 Official Email: sdlydzwy@163.com
植物园负责人 Director：郭伟芳，0539-8878901
引种负责人 Curator of Living Collections：孟庆海，0539-8878905,，ngeitx@163.com
信息管理负责人 Plant Records in Charge：
登录号 Number of Accessions：
栽培保育物种数 Number of Species：
栽培分类群数量 Number of Taxa：

# 济南植物园

## Jinan Botanical Garden

**建园时间 Time of Established：2004 年**

**植物园简介 Brief Introduction：**

位于济南章丘埠村办事处，占地面积 80 hm²。2004 年 3 月由济南市园林局筹资建设，2006 年 9 月 26 日正式开园，“国家 AAAA 级旅游景区”“齐鲁山水新十景”，并被评为“全国科普教育基地”“山东省引进国外智力花卉苗木国外新成果示范推广基地”。采用克朗奎斯特分类系统展览专类植物，以引种收集我国东北、西北、华北、中南地区的温带树种为主，截至 2017 年已引种栽培植物 88 科 200 属 533 种 ( 含种下单元 )，并收集保育有玉铃花、黄檗、对节白蜡、榉树、青檀、鹅掌楸、杜仲等 10 余种珍稀濒危植物。园区内建有木兰园、木犀园、海棠园、牡丹园、竹园、月季园等 10 余个植物专类观赏园和彩色植物区、童乐园等特色园，拥有夏香湖、秋实湖和湖间溪流所形成动静结合的生态水系，绿化覆盖率达 86.43%，具有植物科学研究、种质资源保存、植物知识普及、新优植物推广、游览观赏休憩、生态示范展示等功能。

## 联系方式 Contacts:

通信地址 Mailing Address：济南章丘市埠村办事处，邮编250215

单位电话 Tel：0531-80950818

传真 Fax:0531-80950818

官方网站 Official Website：http://www.jinanzhiwuyuan.com

官方邮件地址 Official Email: jnzwybgs@163.com

植物园负责人 Director：潘丕旗，0531-80950801

引种负责人 Curator of Living Collections：常蓓蓓，0531-80950823，jnzwykjk@163.com

信息管理负责人 Plant Records in Charge：常蓓蓓，0531-80950823，jnzwykjk@163.com

登录号 Number of Accessions：533

栽培保育物种数 Number of Species：416

栽培分类群数量 Number of Taxa：480

# 潍坊植物园

## Weifang Botanical Garden

**建园时间 Time of Established：2007 年**

**植物园简介 Brief Introduction：**

隶属于潍坊市园林管理处，位于潍坊市区的东南部，始建于 2007 年，总占地面积约 46 $hm^2$，是以观赏游览和科普为主，兼具科研功能。遵循“科学性、生态性、景观性、人文性”的理念，包括地形、水体、植物、建筑 4 大造园要素。由观赏树木、水生植物、盆景园科普馆及岩石园等四大景区组成。观赏树木区规划栽植植物 4 000 余种。园内的植物以栽植暖温带木本草和本植物为主，共有 103 科 270 属 935 种，按照植物的克朗奎斯特分类系统由低等到高级的顺利进行分区，分为松柏园、木兰园、牡丹园、月季园、木樨园、竹园等 10 个特色专业园。水生植物区集浮水、挺水、沉水等各类水生植物。岩石园模拟自然界岩石和岩生植物，加之灌木、藤本和草本植物材料，展现山地植物景观。盆景园科普馆具有“白墙、黛瓦、栗色门窗”的中国传统民居风格，传承中国盆景的独特艺术。科普馆由科普区和温室组成，揭示植物由低等到高等进化的奥秘。

## 联系方式 Contacts：

通信地址 Mailing Address：山东省潍坊市奎文区北海路与宝通街交叉口西北角

单位电话 Tel：0536-8890635

官方网站 Official Website：http://www.wfylj.cn

官方邮件地址 Official Email: zhiwuyuanguanlichu@126.com

植物园负责人 Director：徐香梅，0536-8893932

引种负责人 Curator of Living Collections：王永莲 0536-8890635

信息管理负责人 Plant Records in Charge：于秀芹 0536-8890635

登录号 Number of Accessions：

栽培保育物种数 Number of Species：935

栽培分类群数量 Number of Taxa：948

# 泰山林业科学研究院森林植物园

# Forest Botanical Garden of Taishan Forestry Research Institute

**建园时间 Time of Established：2009 年**

**植物园简介 Brief Introduction：**

2009 年建园，前身是泰山林场红门林区罗汉崖林班，总占地面积 116.7 $hm^2$；1978 年成立泰安市林科所时由政府划拨作为科研用实验林场，现更名为泰安市国营实验林场，由泰安市林科院代管；2009 年为加强林木种质资源引种收集及保护利用，2016 年 10 月，泰安市乡土观赏树种国家林木种质资源库获得原国家林业局批复，有重点的将乡土观赏树种汇集到植物园区。引种植物 635 种，专类园区 7 个。发表论文 105 篇、申请发明专利 11 个、培育新品种及良种 36 个。

## 联系方式 Contacts：

通信地址 Mailing Address：泰安市泰山区罗汉崖路 1 号

单位电话 Tel：0538-6215136

官方网站 Official Website：http://www.tslykxyjy.com

研究院联系人：姜云省，0538-6217769，jys63@163.com；王迎，tslkywy@163.com

植物园负责人 Director：张林，Lkyzhanglin@163.com

引种负责人 Curator of Living Collections：

信息管理负责人 Plant Records in Charge：赵青松，414911997@qq.com

登录号 Number of Accessions：

栽培保育物种数 Number of Species：635

栽培分类群数量 Number of Taxa：

# 山东中医药大学百草园

## Herb Garden of Shandong University of Traditional Chinese Medicine

**建园时间 Time of Established：2013 年**

**植物园简介 Brief Introduction：**

始建于 2013 年，已种植药用植物 98 科 602 种，保存山东野生植物种质资源 800 余种，园区面积 0.53 $hm^2$，职工人数 10 人。百草园已为山东中医药大学中药学、中医学、制药工程、中药材栽培、营养学等专业的本科生及相关专业的研究生提供了良好的实践教学服务，培养了大批优秀的药用植物学学生。百草园还为在校师生举办课外活动提供了良好的场所，如基础医学院党总支党员教育活动、齐鲁杏苑“游园识药”活动、基础医学院“说文解药”活动，大学生三农情协会“百草园农耕”活动。百草园还吸引了校外相关人员的注意。目前，山东大学、山东中医药研究院、山东食品药品职业学院、山东农科院、山东省科学院、临沂大学、山东中医药高等专科学校等学校相关专业老师参观学习百草园。

## 联系方式 Contacts：

通信地址 Mailing Address：山东省济南市长清大学科技园山东中医药大学，邮编 :250355，邮编 250355

单位电话 Tel：药学院办公室，0531-89628081

官方网站 Official Website：http://www.sdutcm.edu.cn(山东中医药大学百草园)

植物园负责人 Director：高德民，gdm0115@163.com

引种负责人 Curator of Living Collections：

信息管理负责人 Plant Records in Charge：

登录号 Number of Accessions：602

栽培保育物种数 Number of Species：800

栽培分类群数量 Number of Taxa：

# 五台山树木园

## Wutaishan Arboretum

**建园时间 Time of Established：1985 年**

**植物园简介 Brief Introduction：**

位于山西省忻州市五台县台怀镇，隶属于山西省林业厅，2010 年至今委托山西省五台山国有林管理局代管。占地面积 22.1 $hm^2$，其中树木引种驯化功能区 20.2 $hm^2$。现有职工 16 人，设有办公室、规划财务科、科研技术科、宣传教育科 4 个科室。五台山树木园是华北地区第一个亚高山区树木引种驯化基地，主要功能任务是开展珍稀树木的科研和引种驯化，研究山西省五台山植物种群的适应与分布，并进行五台山亚高山草甸植物种群的研究与保护。园内栽植针阔叶树木 180 余种，代表性植物有迎红杜娟、照山白、臭冷杉等珍稀树种，园内标本馆陈列展示有 220 余种五台山地区的树木标本。2016 年树木园被山西省科技厅认定为“山西省科普基地”。(图、文 / 韩进斌)

## 联系方式 Contacts：

**通信地址 Mailing Address：** 山西省忻州市五台山风景名胜区台怀镇杨柏峪村五台山树木园

**单位电话 Tel：** 0350-6596496

**官方网站 Official Website：** http://www.sxforest.gov.cn/Index.aspx

**官方邮件地址 Official Email:** wtljsmy@126.com

**植物园负责人 Director：** 韩进斌，wtljsmy@126.com

**引种负责人 Curator of Living Collections：** 郭勇强，wtljsmy@126.com

**信息管理负责人 Plant Records in Charge：** 赵建儒

**登录号 Number of Accessions：**

**栽培保育物种数 Number of Species：** ca.220

**栽培分类群数量 Number of Taxa：**

# 大同植物园

## Datong Botanical Garden

**建园时间 Time of Established：2006 年**

**植物园简介 Brief Introduction：**

位于大同县杜庄乡马坊村北，占地面积 33.3 $hm^2$，隶属于大同市林业局，定位于收集保护稀有树种、植物栽培与管护，为民众提供文化和休闲场所。目前已收集栽培各种乔木、灌木和草本植物等300多种，代表性植物有多种落叶乔木，如杨、柳、榆、槐等；多种针叶树种，如青扦、白扦、油松、樟子松等；多种绿化树种，如华北卫茅、榆叶梅、丁香、山杏、山桃、皂荚等；多种彩叶树种，如金叶榆、白桦、紫叶矮樱、紫叶稠李、八棱海棠等；多种花卉草花，如四季玫瑰、芍药、蜀葵等以及部分经济植物，如杏、葡萄等，是山西省首批科普教育基地。植物园将积极开展野生植物的引种，保护植物多样性资源，普及植物科学知识，为城市绿化提供科技支撑，力争建设成为一个物种保护、植物研究、科普教育、合理开发利用植物资源的重要基地。

## 联系方式 Contacts：

通信地址 Mailing Address：山西省大同市华林新天地办公楼 12 层 1223 号

单位电话 Tel：0352-6016084

官方网站 Official Website：http://www.sxdt.gov.cn

植物园负责人 Director：刘志光，0352-5333266

引种负责人 Curator of Living Collections：张晓光

信息管理负责人 Plant Records in Charge：李竺芹

登录号 Number of Accessions：

栽培保育物种数 Number of Species：300

栽培分类群数量 Number of Taxa：

# 金沙植物园

## Jinsha Botanical Garden

**建园时间 Time of Established：2009 年**

**植物园简介 Brief Introduction：**

位于朔城区鄯阳西街，规划占地面积 266.7 hm²。一期工程占地面积 173.3 hm²，2010 年开始建设，现已全部完工，完成 20 个园区建设，栽植各种树木 430 万株，其中乔木 70 万株，花灌木 360 万株，隶属于 75 科 115 属 2 000 多种。二期工程规划占地面积 93.3 hm²，从 2012 年 4 月开始建设，工程包括景观山建造、园林小品点景工程、水系建设工程、景观铺装工程、道路照明工程和园路建设。

## 联系方式 Contacts:

通信地址 Mailing Address：山西省朔州市朔城区鄯阳西延线
植物园负责人 Director：李俊恒
引种负责人 Curator of Living Collections：李超
信息管理负责人 Plant Records in Charge：李超
登录号 Number of Accessions：
栽培保育物种数 Number of Species：ca. 2 000
栽培分类群数量 Number of Taxa：

# 太原植物园

## Taiyuan Botanical Garden

**建园时间 Time of Established：2014 年**

**植物园简介 Brief Introduction：**

位于太原市晋源区，规划建设面积 182 $hm^2$。园内景观分为 5 大功能区，即科学实验区、入口管理区、植物科学分类区、植物科学应用区及植物进化展示区。植物园分为月季园、宿根花卉园、槐香园等 28 个专类园。目前，占地 4.7 $hm^2$ 的濒危珍稀植物引种驯化基地现已引种了包括南方红豆杉、翅果油、青檀、山白树等大量珍贵植物。

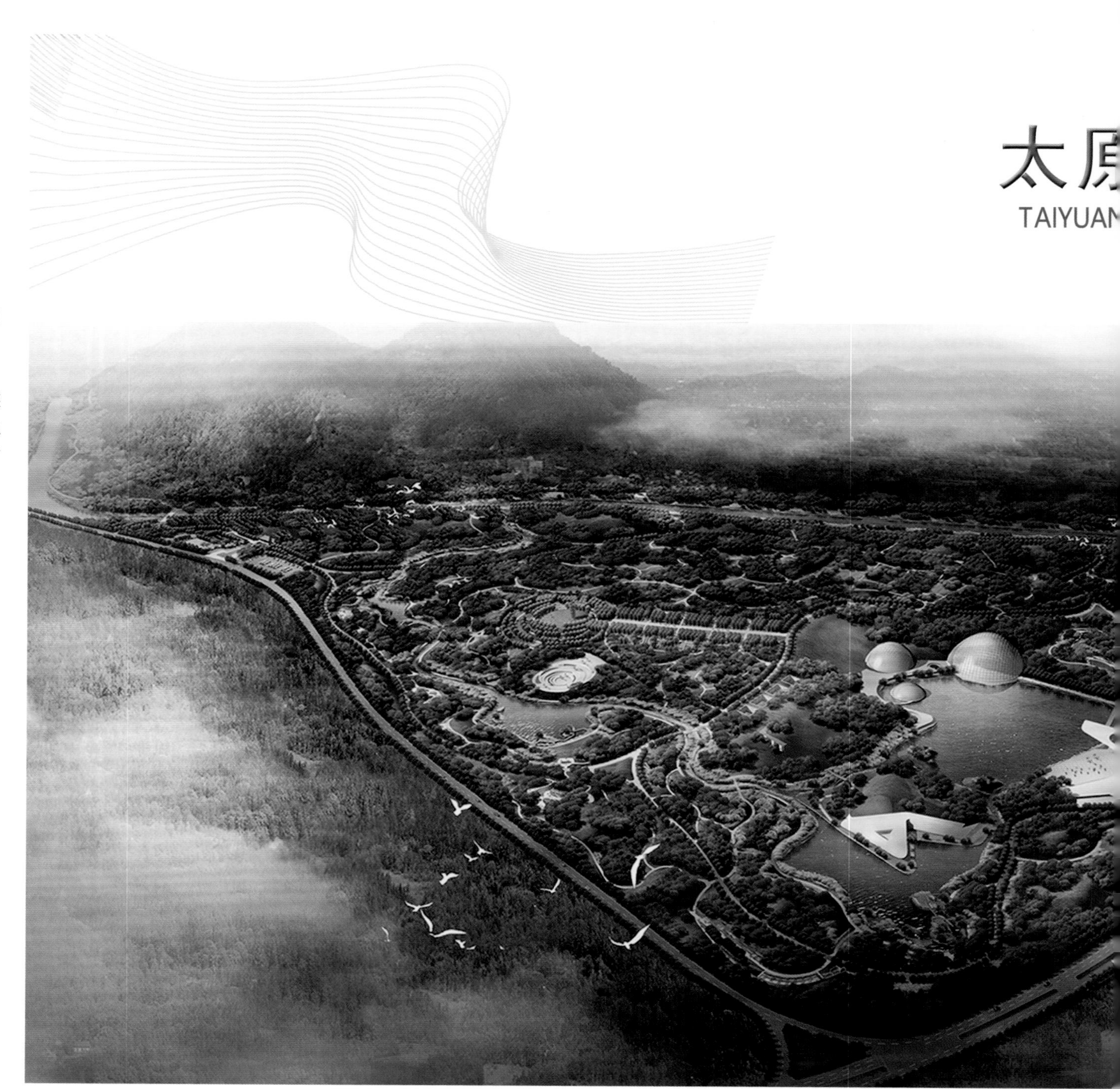

物园
AL GARDEN
--规划篇

## 联系方式 Contacts：

通信地址 Mailing Address：太原市晋源区华塔寺东 1 公里 太原植物园濒危珍稀植物引种驯化基地　邮编 030025

植物园负责人 Director：曹建庭，0351-7775766

引种负责人 Curator of Living Collections：马洪双，0351-7775767

信息管理负责人 Plant Records in Charge：任保青

登录号 Number of Accessions：

栽培保育物种数 Number of Species：270

栽培分类群数量 Number of Taxa：410

# 榆林红石峡沙地植物园

# Yulin Hongshixia Sand Botanical Garden

**建园时间 Time of Established：1957 年**

**植物园简介 Brief Introduction：**

又名榆林沙地植物园，隶属于陕西省治沙研究所，位于榆林市城北 6 公里的红石峡沙地，总面积 300 hm$^2$，分为搜集引种试验区、沙生旱生植物区、沙地植物示范区、人工生态区和封护区 5 个功能区，均保持原沙丘地貌特征。1957 年建园初期，这里全是流动沙地，植被盖度不到 3%，植物种单一，只有沙蒿、沙柳零星分布。经过半个世纪的努力，现已全部改造为固定沙地，植被盖度达到 85% 以上。全园共搜集 45 科 167 种，其中人工栽培种 93 种，自然分布植物 74 种。该园为陕西省治沙研究所试验研究和治沙示范基地，取得了飞播治沙、植物引种、沙地植被建设等一大批研究成果和配套技术，收集选育出适合我国北方干旱半干旱地区种植的樟子松、油松、云杉、杜松、圆柏、侧柏、刺槐、紫穗槐、花棒、白柠条、踏郎、沙地柏、长柄扁桃、桃叶卫茅、沙打旺等几十个林草植物种，并已在生产中大面积推广应用。榆林沙地植物园是陕西治沙研究所重要的试验研究和示范基地，也是展示毛乌素沙地荒漠化治理成果和技术的示范区，同时又为国内外有关科研、教学和生产单位的科技人员提供了科研实验和教学实习场所。

## 联系方式 Contacts：

通信地址 Mailing Address：陕西省榆林市人民西路 37 号
植物园负责人 Director：李付国
引种负责人 Curator of Living Collections：刘喜东，252084552@qq.com
信息管理负责人 Plant Records in Charge：
登录号 Number of Accessions：
栽培保育物种数 Number of Species：167
栽培分类群数量 Number of Taxa：173

# 西安植物园

## Xi’an Botanical Garden

**建园时间 Time of Established：1959 年**

**植物园简介 Brief Introduction：**

成立于 1959 年，是中国科学院在西北地区建设的第一个植物园，也是建国后我国重点建设的八大植物园之一。西安植物园与陕西省植物研究所实行“一套机构，两块牌子”管理。主要从事植物资源迁地保育、植物科学研究、科普教育工作，是“陕西省植物资源保护与利用工程技术研究中心”“陕西省秦巴山区生物资源保护与利用工程技术研究中心”依托单位，陕西省植物资源保护学科“三秦学者”设岗单位。西安植物园原址位于西安市大雁塔旁，占地面积 20 $hm^2$，收集保存植物 3 400 余种，保存国家重点保护的珍稀濒危植物 70 余种。2011 年，西安植物园在原址保留 12 $hm^2$ 外，在西安曲江新区征地 43 $hm^2$ 建设西安植物园新园区，已列入陕西省和西安市重点项目。2014 年 7 月正式开始建设任务，2016 年 10 月 1 日试开园，迄今共引种植物 4 300 余种（包含种下单元），登录号 13 200 号。建园以来，围绕植物资源迁地保育，生物多样性保护，植物科学研究，科普教育，先后取得省部级以上科技成果奖励 100 多项，为我国和陕西省经济建设和社会发展做出了重要贡献，目前与 40 多个国家 100 多个植物园保持着科技合作与业务往来。在薰衣草引种栽培、西洋参引种栽培及加工利用、珍稀木兰科植物引种与新品种选育研究、园林植物引种栽培研究以及陕西中药材 GAP 基地建设及其规范化栽培技术研究方面取得较好进展。先后被授予“全国青少年科技教育基地”“全国青年科技创新教育基地”“陕西省科普教育基地”“西安市科普教育基地”，也是省内许多大专院校教学、科研实习基地，中小学学生课外实践活动园地。（图、文 / 李艳）

## 联系方式 Contacts：

通信地址 Mailing Address：陕西省西安市翠华南路 17 号，陕西省西安植物园

单位电话 Tel：029-85251800

官方网站 Official Website：http://www.xazwy.com

植物园负责人 Director：上官建国，029-85212963，shang@ms.xab.ac.cn

引种负责人 Curator of Living Collections：寻路路，563310451@qq.com

信息管理负责人 Plant Records in Charge：张瑞博，316730716@qq.com

登录号 Number of Accessions：13 200

栽培保育物种数 Number of Species：4 300

栽培分类群数量 Number of Taxa：

# 宝鸡植物园

## Baoji Botanical Garden

**建园时间 Time of Established：1979 年**

**植物园简介 Brief Introduction：**

前身为宝鸡市苗圃，始建于 1979 年，1985 年正式更名为宝鸡植物园，2000 年建成对外开放，2007 年元旦实行免费开放，是集园林观赏、植物引种保护和示范推广、科研科普为一体的综合性园林事业单位。植物园总占地面积 70.2 $hm^2$，分为游览区和生产苗圃区。全园绿地面积 66.56 $hm^2$，绿化用地比率 94.82%，引进栽植各类观赏植物 136 科 440 属 1 561 种。游览区以植物专类园形式布局，建有裸子植物区、水生植物区、彩叶植物区、牡丹园、海棠园、碧桃园、丁香园等 11 个专类园区。自 2010 年开始连续举办“宝鸡市春季赏花节”和“宝鸡市金秋菊展”，年游客接待量达到百万人次以上。开展木兰科植物引种栽培与技术推广、秦巴山区七叶树的开发和利用、秦岭野生植物引种驯化与示范推广、观赏海棠引种驯化与繁殖技术研究等科研课题，分别获宝鸡市科技进步一、二、三等奖，在国家级、省级刊物上发表专业论文 40 余篇，推进了园林植物科学研究和植物科普工作，为宝鸡生态文明建设和创建国家生态园林城市发挥了重要作用。

## 联系方式 Contacts：

通信地址 Mailing Address：陕西省宝鸡市谭福路 5 号

植物园负责人 Director：闫长松，0917-3390674

引种负责人 Curator of Living Collections：白芳芳，0917-3390674

信息管理负责人 Plant Records in Charge：白芳芳，0917-3390674

登录号 Number of Accessions：

栽培保育物种数 Number of Species：1 561

栽培分类群数量 Number of Taxa：2 511

# 西北农林科技大学树木园

## Northwest Agriculture and Forestry University Arboretum

**建园时间 Time of Established：1984 年**

**植物园简介 Brief Introduction：**

始建于学校成立之初，1980 年代应树木学家牛春山、曲式曾等呼吁，1984 年在原西北林学院恢复建设，当时收集到 56 科 200 多种树木。2006 年结合博览园建设，开始了树木园建设，从秦巴山、小陇山、六盘山以及陕北、华北、华南等地搜集引种，力争近期能达 100 科 700~800 种树木。截止 2016 年 6 月，现已成功引种、驯化、保育北方及南方树种计 99 科 281 属 671 种，株数万余棵，有珙桐、南方红豆杉、巨柏、水青树、红豆树、香樟、榧树、连香树、庙台槭、大血藤等一大批国家Ⅰ、Ⅱ级和陕西省珍稀野生保护树种，其中国家及陕西保护树种合计 29 科 42 种 559 棵（国家Ⅰ级保护树种 7 科 9 种 227 棵，国家Ⅱ级 14 科 20 种 158 棵，陕西保护树种 13 科 14 种 124 棵）。完成了原国家林业局的陕西杨凌木兰丁香等木本植物种质资源库建设项目和月季园、牡丹园、中草药园，五谷园，草本花卉园 5 个专类园的建设。目前树木园既是西北农林科技大学植物学、林学、园林等相关学科的实践教学与科学研究重要场所，成为本地区最富集、多样、齐全的木本资源库，是保护植物种质资源与多样性以及引种驯化的重要基地。2016 年创建“数字化树木园”，包括“树木园概况”“实景浏览”“树种检索”“树种图库”等上网查看功能，共录入 99 科 263 属 454 种 11 个亚种 27 个变种 13 个变型 37 个品种，共 542 种树木的 4 875 幅图照和树木分布点位 128 个，360°实景浏览系统使用照片 14 528 张。（文 / 李红星）

# 联系方式 Contacts：

通信地址 Mailing Address：陕西省杨凌邰城路 3 号
单位电话 Tel：029-87050559
传真 Fax：029-87082858
官方网站 Official Website：http://smy.nwsuaf.edu.cn/xnsmy
植物园负责人 Director：朱荣科，029-87050559
引种负责人 Curator of Living Collections：李红星，029-87080668
信息管理负责人 Plant Records in Charge：
登录号 Number of Accessions：
栽培保育物种数 Number of Species：542
栽培分类群数量 Number of Taxa：671

# 榆林黑龙潭山地树木园

## Heilongtan Montane Arboretum

**建园时间 Time of Established：1988 年**

**植物园简介 Brief Introduction：**

植物园总面积 200 hm$^2$，其中展览区面积 3.73 hm$^2$，植物专类园区 7 个、面积 166.7 hm$^2$，建有油松、侧柏、樟子松、云杉、沙地柏等 5 个绿化区和 2 个引种区，分别定植阳性树种和阴性树种。还建设有庭院区、珍稀树种区、标本区、濒危树种区、良种示范区、经济林区；以及沙地柏、翅果油树、新疆野苹果、牡丹芍药、巴旦杏、花棒踏郎、醋栗等小区。迁地栽培物种约 170 种，其中国家级濒危物种 31 种，经济植物 15~20 种。

## 联系方式 Contacts:

通信地址 Mailing Address：榆林市榆阳区镇川南端无定河东约 1 公里

植物园负责人 Director：王万雄

引种负责人 Curator of Living Collections：刘志厚

信息管理负责人 Plant Records in Charge：王磊

登录号 Number of Accessions：

栽培保育物种数 Number of Species：170

栽培分类群数量 Number of Taxa：

# 陕西榆林卧云山民办植物园

## Yulin Woyunshan Botanical Garden

**建园时间 Time of Established：1995 年**

**植物园简介 Brief Introduction：**

1995 年徐登堂为首的榆林农民在毛乌素沙漠南缘创建，1996 年底初具规模并编制植物名录，收录园内植物 94 科 298 属 524 种。至 2000 年，植物园占地规模 200 $hm^2$，新修公路 9 km，建温室 1 座，苗圃 1.3 $hm^2$，构建植物培植区 10 个，地方特色小区 20 个，引进植物 118 科 361 属 1 252 种。植物培植区包括良种培植区（8 种 500 株）、绿化美化区（270 余种）、中草药种植示范区（70 余种）、经济林区（60 种 600 余株）、树木引种驯化区（120 多种）、濒危植物保护繁殖区（56 种）、野生花卉区（29 种）、沙地柏繁殖区（3 000 多株）、低产林改造区和牧草区（20 种），开辟了小檗、卫矛、长柄扁桃、沙葱、沙芥、麻黄、甘草、文冠果、射干、红花刺槐、火炬树、河北杨、北五加、蒙古莸、泽兰、华山松、糖槭等特色小区。目前专类园区面积 66.7 $hm^2$，引种保育区面积 2 $hm^2$，种植树木花草 2 055 种（含种下分类单元），2012 年编印的植物名录收录植物 158 科 643 属 1 123 种。

## 联系方式 Contacts:

通信地址 Mailing Address：榆林市榆阳区古塔镇四里沙
植物园负责人 Director：徐步海
引种负责人 Curator of Living Collections：朱聿利
信息管理负责人 Plant Records in Charge：朱聿利
登录号 Number of Accessions:
栽培保育物种数 Number of Species:
栽培分类群数量 Number of Taxa：2 055

# 中国科学院秦岭国家植物园

## Qinling National Botanical Garden, Chinese Academy of Sciences

**建园时间 Time of Established：2001 年**

**植物园简介 Brief Introduction：**

由陕西省政府、原国家林业局、中国科学院、西安市人民政府联合共建，位于西安市周至县境内，总面积 639 km²，海拔从 480 m 延伸到 3 000 m，功能定位为生物多样性科学研究、生物多样性科学普及、生物多样性保护、生物多样性旅游，具科学研究、科普教育、生物多样性保护和生态旅游为主要功能。园内有河流、大峡谷景观、瀑布景观、石海景观、山林景观等大量自然景观。收集秦巴山区及同纬度地区的物种并进行迁地保护和就地保护研究，将建设植物迁地保护区、动物迁地保护区、生物多样性就地保护区以及农业观光和生态度假等 4 个区。引种收集活植物 902 种，1 514 株，采集种子、枝条 570 余份。秦巴特色植物专类园迁地栽培植物 36 科 58 种，代表性物种有庙台槭、青榨槭、香果树等秦巴特色植物；杨柳科专类园栽培植物 2 属 82 种，代表性物种有中华长青杨、彩叶杞柳等；药用专类园栽培植物 30 科 151 种，代表性物种有蚊母树、红豆杉、厚朴等；木兰园迁地栽培 7 属 63 种，代表性物种有宝华玉兰、西康玉兰、厚朴、鹅掌楸、水青树、天目木兰和黄山木兰等。（文/苏奇珍，图/江国治）

## 联系方式 Contacts：

通信地址 Mailing Address：陕西省西安市小寨东路 3 号
官方网站：http://www.qinlingbg.com
植物园负责人 Director：张秦岭，029-87907111
引种负责人 Curator of Living Collections：朱琳，45387922@qq.com
信息管理负责人 Plant Records in Charge：杨颖，yying_2012@163.com
登录号 Number of Accessions：
栽培保育物种数 Number of Species：1 500
栽培分类群数量 Number of Taxa：

# 成都市植物园

## Chengdu Botanical Garden

**建园时间 Time of Established：1983 年**

**植物园简介 Brief Introduction：**

地处成都市金牛区天回镇，面积 42 $hm^2$，与国道川陕大件路接壤，距市区 10 公里，绿地率达 90% 以上。隶属于成都市林业和园林管理局，为四川省第一个植物园。1987 年 2 月与成都市园林科学研究所合署办公，成为专业的园林科研科普单位。植物专类园区面积 13.3 $hm^2$，引种保育区面积 2.7 $hm^2$。建有芙蓉园、珍稀植物园、木兰园、樱花园、茶花园、梅花园、海棠园、桂花园、市花园、松柏园、梨花园等专类园区 10 余个，种植有银杉、珙桐、金钱、桫椤、金花茶、红豆杉等珍稀濒危植物，玉兰、山玉兰、荷花玉兰、乐昌含笑、峨眉含笑、日本樱花、红山茶、莲蕊茶、杜鹃海棠、垂丝海棠、贴梗海棠、西府海棠、丹桂、金桂、银桂、四季桂等木本植物 1 000 余种，园艺栽培品种 800 余个以及木芙蓉等全国 30 多个城市的市花。承担植物迁地保护、引种驯化和选育、城市园林植物的栽培、繁育、园林植物有害生物预警等任务，功能涵盖科研科普、引种驯化和旅游服务。建园以来共完成科研项目 60 余项。有较为规范的科普设施成都市青少年植物科普馆。

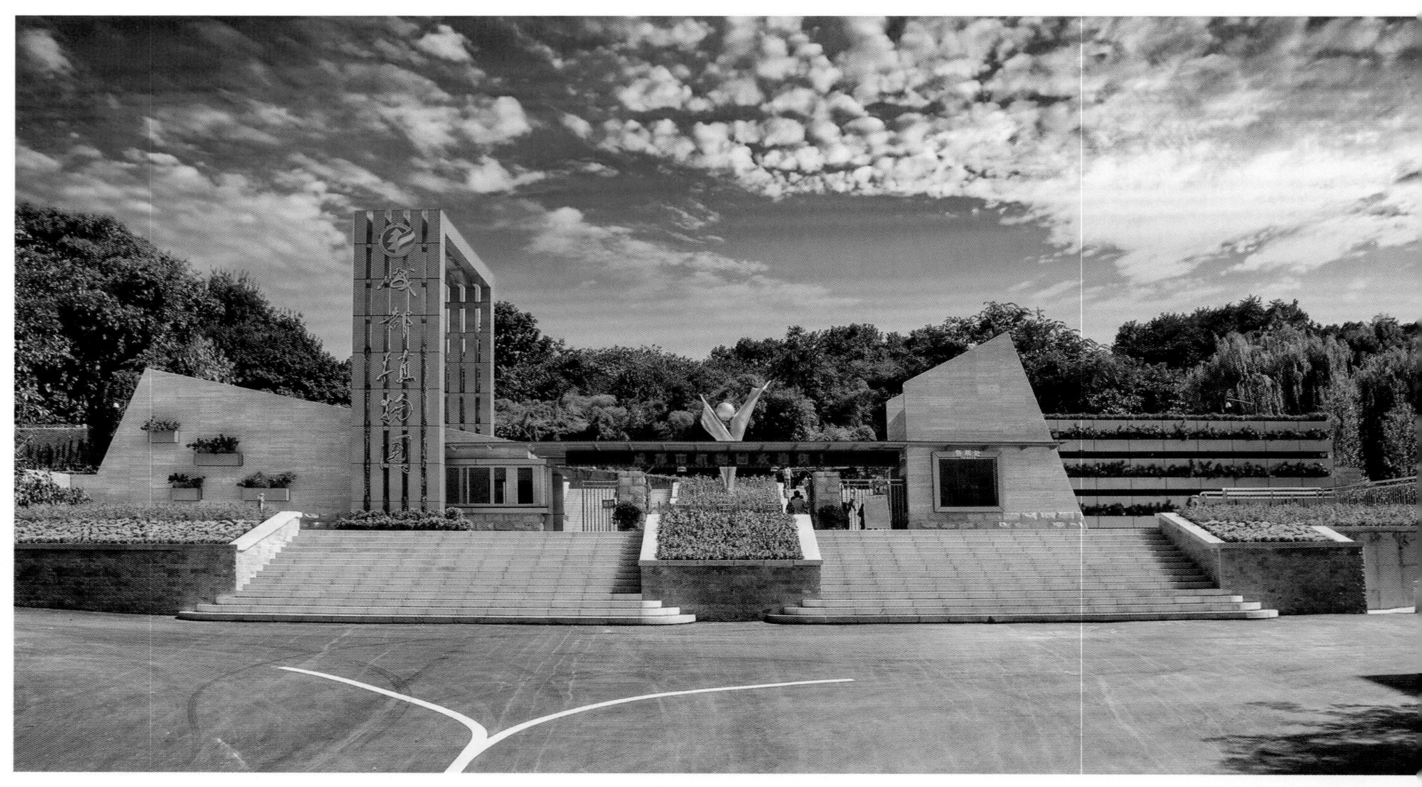

## 联系方式 Contacts：

通信地址 Mailing Address：四川省成都市金牛区蓉都大道1116号，邮编 610083

单位电话 Tel：028-83585552

传真 Fax：028-83585552

官方网站：http://www.cdzwy.com

植物园负责人 Director：刘晓莉，liuzj1212@163.com

引种负责人 Curator of Living Collections：李方文，449692182@qq.com

信息管理负责人 Plant Records in Charge：

登录号 Number of Accessions：

栽培保育物种数 Number of Species：1 800

栽培分类群数量 Number of Taxa：2 000

# 峨眉山植物园

# Emeishan Botanical Garden

**建园时间 Time of Established：1984 年**

**植物园简介 Brief Introduction：**

又名峨眉山生物资源试验站，位于峨眉山风景区万年寺停车场东侧，占地面积 3.6 $hm^2$。于 1984 年由四川省科委和峨眉县政府共同创建，由当时的四川省自然资源研究所和峨眉县科委负责具体管理。2004 年峨眉山市政府退出管理。2007 年，四川省科技厅收回全部管理权限，由四川省自然资源科学研究院全权管理。自建园开始，利用位于峨眉山核心景区的有利条件，开展峨眉山及其周边地区野生植物资源的调查、收集、保育与资源深度挖掘利用研究，迄今为止已收集保存活体植物 2 600 余种，其中国家重点保护野生植物名录种类 78 种，CITES 附录二中的濒危种 155 种，中国特有植物 120 种，建有珍稀植物、蕨类植物等 5 个专类园，开辟了 6.7 $hm^2$ 的第二基地。目前正筹建四川植物园。经过 30 余年的努力，完成近百个科研项目，发表学术论文 100 余篇，获得专利 10 多项，主编和参编专著 6 部。与美国、德国、日本等多个国家的植物园（树木园）建立了合作与交流关系，并与国内植物研究机构及大专院校进行广泛的合作，被评为四川省科普教育基地，峨眉山市爱国主义教育基地。

## 联系方式 Contacts：

通信地址 Mailing Address：四川省峨眉山市黄湾乡万年村五组万年寺侧，峨眉山植物园（峨眉山生物站），邮编614200

单位电话 Tel：0833-5090508 0833-5090373

官方网站 Official Website：http://www.emsbri.ac.cn

植物园负责人 Director：熊铁一，646809078@qq.com

引种负责人 Curator of Living Collections：李小杰，0833-5090373，158215477@qq.com

信息管理负责人 Plant Records in Charge：李小杰

登录号 Number of Accessions：2 750

栽培保育物种数 Number of Species：2 600

栽培分类群数量 Number of Taxa：

# 中国科学院植物研究所华西亚高山植物园

# West China Subalpine Botanical Garden of Institute of Botany, Chinese Academy of Sciences

**建园时间 Time of Established：1986 年**

**植物园简介 Brief Introduction：**

1986 年筹建，1988 年成立，1992 年正式更名华西亚高山植物园并列入中国科学院植物园序列。位于四川省都江堰市，包括位于都江堰市玉堂镇的玉堂基地和位于龙池镇的龙池基地，占地 55.3 $hm^2$。玉堂基地于 2008 年汶川地震后异地重建，地处都江堰风景名胜区，是以低海拔杜鹃为主的珍稀濒危植物的引种保育、科研、科普、园林展示等为一体的综合基地，规划建设的专类园有彩叶植物－杜鹃区、珍稀濒危植物－杜鹃区、杜鹃广场、月季园、杜鹃坡、杜鹃湖、杜鹃草甸区、生态科普试验区、荫生植物区以及水生植物区等 10 个专类园区等，已引种保存有金钱松、珙桐、连香树、大叶木莲、香木莲、马褂木等国家级重点保护野生植物 20 余种；岷江杜鹃、大白杜鹃、喇叭杜鹃等珍稀濒危杜鹃属植物等数十种，是开展生物多样性科普教育的重要场所。龙池基地核心区占地约 41.9 $hm^2$，位于川西平原向青藏高原过渡地带的都江堰市龙池国家森林公园内，基地及其相邻地区有几千公顷的自然生境，是进行生物多样性研究的极佳场所，已形成以回归园和杜鹃花森林景观走廊为主的室外展示区、露地苗圃、保护地等功能分区，引种保育国产杜鹃 400 余种，2001 年被命名为“中国杜鹃园”，是以收集、保育、研究杜鹃属资源植物以及横断山与东

喜马拉雅地区珍稀濒危植物为主，西部地区科研、科普、保育和旅游休闲功能的特色植物园，收集植物2 000种，代表性物种有杜鹃属植物、粉被灯台报春、大百合等；低海拔杜鹃园收集物种200种，代表性物种有波叶杜鹃、峨眉银叶杜鹃、喇叭杜鹃、大叶木莲、连香树、蓝果树、珙桐、篦子三尖杉等。获得国家新品种授权2个、国家发明专利3项、论文20多篇。

## 联系方式 Contacts：

**通信地址 Mailing Address**：四川省都江堰市玉堂镇白马社区

**单位电话 Tel**：028-87133653

**传真 Fax**：028-87133653

**官方网站 Official Website**：http://eco.ibcas.ac.cn/huaxi

**植物园负责人 Directors**：郑元润，010-62836508，zhengyr@ibcas.ac.cn；张超，028-87133653，937438264@qq.com

**引种负责人 Curator of Living Collections**：王飞

**信息管理负责人 Plant Records in Charge**：邵慧敏，028-87133653，mamillata@gmail.com

**登录号 Number of Accessions**：2 488

**栽培保育物种数 Number of Species**：2 200

**栽培分类群数量 Number of Taxa**：2 251

# 中国科学院吐鲁番沙漠植物园

# Turpan Desert Botanical Garden, Chinese Academy of Sciences

**建园时间 Time of Established：1976 年**

**植物园简介 Brief Introduction：**

位于中国西北新疆吐鲁番盆地东南部，占地 150 公顷。地处欧亚大陆腹地暖温带极端干旱区，是世界海拔最低的植物园。园内主要地貌类型为风蚀雅丹地貌、平坦流动沙地及新月型沙丘。重点开展世界温带荒漠植物的引种收集与保育。目前已收集荒漠植物 700 余种，珍稀濒危植物 90 种，所保存的植物具有典型干旱区地域特征和独特的温带荒漠植物区系特征。已建成荒漠植物活体种质标本园、沙拐枣种质资源圃、柽柳植物专类园、民族药用植物专类园、荒漠珍稀濒危特有植物专类园、荒漠经济果木专类园、盐生荒漠植物专类园、禾草园、补血草园、鸢尾园、准噶尔荒漠景观区和干旱区葡萄种质资源圃等 13 个专类园区，其中典型荒漠植物活体植物 170 种 175 个分类群 230 个登录，代表性物种有沙拐枣、柽柳、梭梭、白刺、刺山柑、锦鸡儿、琵琶柴、铃铛刺、细枝岩黄芪、驼绒藜等；民族药用植物园收集植物 95 种，代表性植物有枸杞、甘草、麻黄、罗布麻、刺山柑、大黄、菖蒲、黄芪、车前、红花、月见草、毛罗勒、薄荷等；荒漠野生观赏植物 60 种 95 个分类群，代表性植物有花棒、红果小檗、疏花蔷薇、小花罗布麻、柠条锦鸡儿、蒙古莸、刺叶棘豆、拟狐尾黄耆、耳叶补血草、马蔺、细叶鸢尾、紫花柳穿鱼等；荒漠珍稀濒危特有植物 50 种，代表性植物有新疆沙冬青、银沙槐、沙生柽柳、准噶尔无叶豆、四合木、野扁桃、新疆野苹果、胡杨等；盐生荒漠植物 30 种，代表性植物有盐爪爪、盐穗木、盐节木、盐豆木、短毛柽柳、盐生白刺、碱蓬等；荒漠经济果木 65 种 90 个分类群，代表性植物有野苹果、

山楂、沙枣、酸枣、红枣、香梨、樱桃、巴旦杏、核桃和石榴等，展示了典型的干旱区地域特征和独特的温带荒植物区系特征的荒漠生态景观。在柽柳、沙冬青、沙拐枣等植物研究以及荒漠珍稀濒危植物准噶尔无叶豆研究方面达到国际领先水平。从 1989 年有植物记录到 2016 年，共引种 1 770 号，国内引种 87 科 385 属 832 种，国外引种 496 种，其中乔木 52 种、灌木 91 种、草本 326 种。（文 / 王习勇，图 / 段士民）

## 联系方式 Contacts：

通信地址 Mailing Address：新疆乌鲁木齐市北京南路 818 号

官方网站 Official Website：http://3 w.tebg.org/category_1/index.aspx

植物园负责人 Director：管开云，0991-7885464，guanky@mail.kib.ac.cn

引种负责人 Curator of Living Collections：段士民，0991-7885389，duansm@ms.xjb.ac.cn

信息管理负责人 Plant Records in Charge：张道远，0991-7823109，zhangdy@ms.xjb.ac.cn

登录号 Number of Accessions：1 170

栽培保育物种数 Number of Species：610

栽培分类群数量 Number of Taxa：650

# 乌鲁木齐市植物园

## Urumqi Botanical Garden

**建园时间 Time of Established：1986 年**

**植物园简介 Brief Introduction：**

隶属于乌鲁木齐市园林管理局。建园方向是以广泛收集和驯化利用新疆野生植物资源、保护新疆珍稀濒危植物，开展植物科普教育，建立有园林外貌、科学内涵的城市绿地。植物园分为南区和北区，南区位于北京中路，北区位于迎宾路，面积 85.3 $hm^2$，是集科研、科普、科教、游览等功能为一体的综合性植物园。全园收集植物种类多达 811 种（不包括品种），迁地保护我国珍稀濒危植物 39 种。南园区现已建成天山植物区、百花园、宿根花卉区、种植示范区、果树区、忍冬区、草坪游览区、药用植物区、松柏区和芳香蜜源植物区 10 余个专类园景区。北区建成了以葡萄为主的果树资源收集区。植物园以保护野生植物种质资源为己任，以不断丰富乌鲁木齐市园林绿化、美化植物材料为主要目标，以不断开发和挖掘新疆野生观赏植物在园林绿化中的应用为主要研究方向，有计划地引种新疆野生植物，通过各种繁殖手段不断扩大其数量，并逐步推广应用于各种园林绿化建设中。建园以来开展了“宿根花卉引种繁殖技术”“新疆野生观赏植物引种驯化及开发利用研究”“新疆野生鸢尾属植物的引种驯化及应用研究”“引进特异植物资源圃建设”等近 20 项相关项目，取得了建设部、自治区和市级科研项目奖项。近年来开展了“蔷薇属植物引种和玫瑰复壮研究”“菊属及相关种植物引种和杂交育种研究”。未来研究重点是加大新疆珍稀濒危特有种植物的引种和保护工作，把乌鲁木齐市植物园建设成新疆乃至中亚干旱区珍稀濒危特有植物的关键保护中心和保护基地。随着全球气候变暖，抗旱植物的应用和开发必然是植物应用研究重点之一，植物园将利用新疆乡土植物资源，研究适宜的旱生植物引种和应用工作。(图、文 / 孙卫)

## 联系方式 Contacts：

通信地址 Mailing Address：乌鲁木齐市北京中路 916 号
单位电话 Tel： 0991-6626697
传真 Fax: 0991-5840422
官方网站 Official Website：http://lyj.urumqi.gov.cn/clgk/zscl/187302.htm
官方邮件地址 Official Email:wlmqlyj@foxmail.com
植物园负责人 Director：谷忠义，0991-7626831
引种负责人 Curator of Living Collections：孙卫，0991-6638085-807，494983713@qq.com
信息管理负责人 Plant Records in Charge：张冠山
登录号 Number of Accessions：3 000
栽培保育物种数 Number of Species：811
栽培分类群数量 Number of Taxa：1 411

# 塔中沙漠植物园

## Tazhong Botanical Garden

**建园时间 Time of Established：2002 年**

**植物园简介 Brief Introduction：**

位于塔克拉玛干沙漠的中心塔中，又称“死亡之海”。1980 年之前还是人迹罕至的荒漠。塔中沙漠植物园占地面积 20 $hm^2$，是世界上位于茫茫沙海腹地的植物园，也是世界上自然条件最为恶劣的植物园，全部采用 4~5 g/L 咸水灌溉植物，目前是中国科学院特殊环境监测站。植物园主要目的是引种驯化西北地区乃至中亚地区适应荒漠环境的新植物，筛选出具有耐旱、耐盐碱、抗风蚀沙埋、生长良好的植物丰富沙漠公路防护林工程。同时开展风沙运移、植物引种、苗木培育、环境监测等研究，在灌溉技术、造林技术、林带布局、树种配置、土壤改良和水盐运移等方面取得了大量研究结果，为油田公司油气资源的勘探开发，改善油田工作人员的生产、生活的环境条件，绿化美化油田基地提供种质资源，也为丰富沙漠公路防护林生态工程的植物种和更新替换提供了优质的种质资源。迄今引种植物达 400 余种，存活植物 245 种，其中观赏植物 20 余种，具有经济价值的植物 50 余种。已经筛选出能够大面积推广的优良固沙植物，部分推广到了南疆地区的城市园林绿化中。（图、文 / 常青）

## 联系方式 Contacts：

通信地址 Mailing Address：疆维吾尔自治区巴音郭楞蒙古自治州且末县

植物园负责人 Director：徐新文，0991-7823139，sms@ms.xjb.ac.cn

引种负责人 Curator of Living Collections：常青，0991-7823145

信息管理负责人 Plant Records in Charge：常青，0991-7823145，24293746@qq.com

登录号 Number of Accessions：400

栽培保育物种数 Number of Species：245

栽培分类群数量 Number of Taxa：

# 新疆伊犁龙坤农林开发有限公司植物园

## Botanical Garden of Longkun

**建园时间 Time of Established：2009 年**

**植物园简介 Brief Introduction：**

位于新疆伊犁河谷中部伊宁县巴依托海乡，海拔 720~730 m，土层厚度 0.5~2 m，地势由东北向西南倾斜，属大陆性温带的干旱气候，气候变化剧烈。太阳总辐射量 136.8 kcal/cm$^2$，比我国同纬度的华北和东北地区多 20 kcal/cm$^2$。全年日照达 4 443 小时，全年有效光照数达 2 810.8~3 000 小时，日照百分率 63%~68%。4~9 月日照时数达 1 600~1 800 小时，年平均气温 7.9℃，气温年较差 35.2℃，日较差 15.6℃。极植最高气温 39.5℃，极植最低气温 -43.2℃。无霜期 146 天，大于 10℃积温 3 400℃，年降水量 150–200 毫米。植物园占地 7 500 hm$^2$，重点开展伊犁河谷特色珍稀林木种质植物的引种收集与保育。目前已收集林木种质资源 50 余种，所保存的植物具有典型大陆性温带干旱区地域特征和独特的温带干旱植物区系特征。已建成植物活体种质标本园、经济果木专类园、观赏植物专类园等 3 个专类园区，其中植物活体植物 52 种，代表性物种有小叶白蜡、大叶白蜡、夏橡、复叶槭、皂角、雪岭云杉、野苹果、山杏等；观赏植物 30 种，代表性植物有大小叶白蜡、红叶海棠、国槐、长枝榆、金叶榆、法桐等；经济果木 7 种 35 个分类群，代表性植物有苹果、山楂、杏、桃、李、核桃、梨等，展示了典型的大陆性温带干旱区地域特征和独特的温带干旱植物区系特征的生态景观。（图、文 / 廖书江）

## 联系方式 Contacts：

通信地址 Mailing Address：新疆伊犁哈萨克自治州伊宁市达达木图开发区三巷十八号

官方网站 Official Website：http://www.xjyllknlkfyxgs.com

植物园负责人 Director：陈龙贵

引种负责人 Curator of Living Collections：廖书江

信息管理负责人 Plant Records in Charge：康吉宏

登录号 Number of Accessions：

栽培保育物种数 Number of Species：52

栽培分类群数量 Number of Taxa：

# 中国科学院昆明植物研究所昆明植物园

## Kunming Botanical Garden of Kunming Institute of Botany, Chinese Academy of Sciences

**建园时间 Time of Established：1938 年**

**植物园简介 Brief Introduction：**

隶属于中国科学院昆明植物研究所，其前身云南省农林植物研究所始建于 1938 年。1951 年在云南农林植物研究所原址开辟园林观赏植物区 2.7 km$^2$，1955 年正式扩建面积为 80 hm$^2$ 的植物园，1975 年进行植物引种驯化科研基地的总体规划设计，面积缩小为 33.4 hm$^2$，并以系统树木园展览区、经济植物试验区、百草园、山茶、杜鹃、单子叶植物区、原始材料圃、温室等组成昆明植物园。昆明植物园立足我国云南高原，面向西南山地和横断山南段，是以引种保育云南高原和横断山南端地区的珍稀濒危植物、特有类群和重要经济植物等为主要内容，以资源植物的引种驯化和种质资源的迁地保护为主要研究方向，集科学研究、物种保存、科普与公众认知为一体的综合性植物园，辖丽江高山植物园。园区开放面积 44 hm$^2$，分为东、西 2 个园区，已建成了山茶园、岩石园、竹园（以竹类为主的水景园）、羽西杜鹃园、观叶观果园、百草园、木兰园、金缕梅园、极小种群植物专类园、裸子植物园等 15 个专类园（区），收集保育植物 7 000 余种和品种。建园以来，获省部级以上奖励 40 项，发表论文 600 余篇，获授权发明专利 50 余项，注册植物新品种 100 余个，出版专著 60 余部。昆明植物园先后被命名为“全国科普教育基地”“云南省科学普及教育基地”“全国青少年走进科学世界科技活动示范基地”“全国青少年科技教育基地”“昆明市科普精品基地”等；山茶园荣获“国际杰出茶花园”称号。现为国际茶花协会主席挂靠单位。2012 年成功举办了首届中国科学院植物园“名园名花展”，开启了中科院高水准特色花卉展览之先河。近年来策划举办了“探秘植物界小微家族”高中生科学营、“寻找植物宝贝”亲子科普活动、“重新认识植物园”、“暑期去哪儿”及“夜游植物园”等特色主题科普活动达 50 余次。从 2012 年起昆明植物园成功承办四届中国植物园联盟“园林园艺与景观建设培训班”，共为来自全国的 40 个植物园及相关单位的 100 余位学员提供了高水平园林园艺的专业技术培训，从中选派 12 名优秀学员前往英国爱丁堡皇家植物园进行深造和提高。

## 联系方式 Contacts：

**通信地址 Mailing Address**：云南省昆明市盘龙区蓝黑路 132 号中国科学院昆明植物研究所

**官方网站 Official Website**：http://www.kib.ac.cn; http://kbg.kib.cas.cn

**植物园负责人 Director**：孙卫邦，0871-65223628，wbsun@mail.kib.ac.cn

**引种负责人 Curator of Living Collections**：孔繁才，michelia@mail.kib.ac.cn

**信息管理负责人 Plant Records in Charge**：高富，cresyn@mail.kib.ac.cn

**登录号 Number of Accessions**：10 001

**栽培保育物种数 Number of Species**：6 500

**栽培分类群数量 Number of Taxa**：7 700

扶荔宫

昆明植物园
Kunming Botanical Garden
2016年中国植物园联盟园林园艺与景观建设培训班

# 中国科学院西双版纳热带植物园

# Xishuangbanna Tropical Botanical Garden, Chinese Academy of Sciences

**建园时间 Time of Established：1959 年**

**植物园简介 Brief Introduction：**

是在我国著名植物学家蔡希陶教授领导下于 1959 年创建的。占地面积约 1 125 $hm^2$，立足我国云南，面向西南和东南亚，收集活植物 21 052 号 12 000 多种，建有 38 个植物专类区，其中收集热带水果 290 种，代表性物种有杧果、柚子、香蕉等；棕榈科 406 种，代表性物种有巨箬棕、竹马刺椰、象鼻棕等；竹类 259 种，代表性物种有版纳甜龙竹、白毛巨竹、大滇竹等；滇南植物 127 种，代表性物种有潺槁木姜子、狭萼荷苞果、望天树；滇南土著植物 850 种，代表性物种有滇南风吹楠、高山榕、勐仑翅子树等；榕属 149 种，代表性物种有枕果榕、黄葛榕、澳洲大叶榕等；龙脑香科 50 种，代表性物种有云南娑罗双、版纳青梅、缠结龙脑香等；姜科 329 种，代表性物种有云南豆蔻、勐海姜等。保存面积约 250 $hm^2$ 的原始热带雨林，是我国面积最大、收集物种最丰富、植物专类园区最多的热带植物园，也是世界上户外保存植物种数和向公众展示的植物最多的植物园。版纳植物园 50 余年的科学研究积淀，已完成科研项目 900 余项，取得国家级、省部级成果奖励 100 余项，发表学术论文 3 000 余篇，申请专利 90 余项，授权专利 50 余项，主编出版专著近 40 部。西双版纳热带植物园与 50 多个国家（地区、国际组织）有着广泛的交流与合作，其国际影响不断扩大。现已成为“国家知识创新基地”“国家环保科普基地”“全国科学普及教育基地”“全国青少年科技教育基地”、全国“AAAAA 级旅游景区（点）”“全国文明单位”“云南省精品科普基地”，2016 年获得中国植物园界首个

年度中国最佳植物园“封怀奖”。西双版纳热带植物园经过50多年的艰苦创业和几代人的不懈努力，已成为我国最重要的热带植物科学研究基地、热带植物种质资源保存库和科学知识传播中心。在热带植物资源的开发、利用和保护研究等方面取得了丰硕的科技成果，在国内外学术界有一席之地，培养和成长了一支高水平的科技队伍，为我国热区尤其是西双版纳的经济社会发展和生态平衡建设做出了积极的贡献。

## 联系方式 Contacts：

通信地址 Mailing Address：云南省勐腊县勐仑镇
单位电话 Tel：0691-8715071
传真 Fax：0691-8715070
官方网站 Official Website：http://www.xtbg.ac.cn
植物园负责人 Director：陈进，0691-8715457，cj@xtbg.org.cn
引种负责人 Curator of Living Collections：施济普，0691-8715005，sjp@xtbg.org.cn
信息管理负责人 Plant Records in Charge：苏艳萍，0691-8716464，syp@xtbg.org.cn
登录号 Number of Accessions：51 982
栽培保育物种数 Number of Species：10 361
栽培分类群数量 Number of Taxa：11 807

# 西双版纳药用植物园

# Xishuangbanna Medicinal Botanical Garden

**建园时间 Time of Established：1959 年**

**植物园简介 Brief Introduction：**

位于云南省西双版纳州首府景洪市中心，隶属于中国医学科学院药用植物研究所云南分所，占地面积 16.7 $hm^2$，目前引种保存南药、民族药及其他药用植物 1 200 多种，保存药用植物标本 3 万余份，其中包括阳春砂仁、胖大海、白豆蔻、檀香、龙血树、儿茶、肉桂、金鸡纳等数十种名贵南药，并拥有全国最大的胖大海、马钱、催吐萝芙木种质资源库，200 多种原生兰科植物以及国内人工种植年限最长的土沉香、印度紫檀等重要南药。南药园主要从事热带、亚热带药用植物的引种驯化与栽培、珍稀濒危药用植物保护以及民族民间医药的发掘整理和利用等研究。建园历史可以追溯到 1958 年 11 月卫生部委托云南省卫生厅在西双版纳建立的热带药用植物研究基地，50 多年来在南药引种驯化与栽培推广、民族医药的发掘整理和利用研究等方面做出了积极贡献，取得了较好的社会效益和经济效益。

## 联系方式 Contacts：

通信地址 Mailing Address：云南省西双版纳州景洪市宣慰大道 138 号
植物园负责人 Director：李学兰
引种负责人 Curator of Living Collections：俞家元
信息管理负责人 Plant Records in Charge：徐安顺，282643260@qq.com
登录号 Number of Accessions：1 272
栽培保育物种数 Number of Species：1 589
栽培分类群数量 Number of Taxa：1 784

# 云南省林业科学院昆明树木园

# Kunming Arboretum of Yunnan Academy of Forestry

**建园时间 Time of Established：1959 年**

**植物园简介 Brief Introduction：**

位于北郊黑龙潭，地理位置为北纬 25°08′，东经 102°45′，海拔 1 950~2 050 m，园区占地 52 $hm^2$。昆明树木园于 1959 年建园经过几代林业专家学者的努力，已建成了亚热带树种引进栽培区、木兰科植物栽培区、珍稀濒危树种迁地保护区、竹类栽培区、云南松优良种质资源保护区、桉树优良种质资源保护区、经济林及木本油料树种资源收集区等 10 个引种栽培区。园区现已引种栽培树木 1 000 余种，其中珍稀濒危树种 170 余种，国家级保护植物 72 种，园林绿化和造林树种 200 余种。园区保存有 57 个云南松优良种质资源共 2 000 余份（株）活体基因，另外还保存有蓝桉优良家系 106 个，直干桉优良家系 77 个。昆明树木园是云南省林木研发和珍稀濒危树种迁地保护十分重要的基地，积极开展科学普及工作，现已基本实现科研、教学、科普、示范、推广的有机结合。1997 年被云南省政府命名为“云南省科学普及教育基地”，2005 年被中国林学会命名为全国科普教育基地。

## 联系方式 Contacts：

通信地址 Mailing Address：云南省昆明市盘龙区茨坝蓝桉路 2 号

官方网站 Official Website：http://www.ynlky.org.cn/index.php

植物园负责人 Director：张劲峰 QQ:1910323166

引种负责人 Curator of Living Collections：张劲峰 QQ:1910323166

信息管理负责人 Plant Records in Charge：邵金平 jpshao1973@163.com

登录号 Number of Accessions：

栽培保育物种数 Number of Species：1 000

栽培分类群数量 Number of Taxa：

# 昆明园林植物园

## Kunming Landsape Botanical Garden

**建园时间 Time of Established：1978 年**

**植物园简介 Brief Introduction：**

位于昆明市东北郊穿金路鸣凤山，距离市中心 7 km，占地 120 $hm^2$，是集文物古迹、园林植物展示和园林科研为一体的综合性公园。拥有中国最大的古青铜建筑太和宫金殿、直径最小最完整的明代古城墙紫禁城等组成的明清古建筑群及多个植物专类园区，是云南省十大优秀旅游景点之一，连续 20 年保持省级文明单位称号，2001 年第一批列入国家 AAAA 级风景名胜区，2002 年 6 月被评为云南省文明旅游风景区，同年 8 月，一次性通过了国际 ISO 9001/14001 质量环境两项认证。

# 联系方式 Contacts：

通信地址 Mailing Address：昆明市东北郊鸣凤山昆明市金殿名胜区内
植物园负责人 Director：李溯，0871-65018306
引种负责人 Curator of Living Collections：胡明，4963623@qq.com
信息管理负责人 Plant Records in Charge：杨丽芬
登录号 Number of Accessions：
栽培保育物种数 Number of Species：700
栽培分类群数量 Number of Taxa：

# 西双版纳热带花卉园

# Xishuangbanna Tropical Flower Garden

**建园时间 Time of Established：1999 年**

**植物园简介 Brief Introduction：**

位于景洪市城西，隶属于云南省热带作物科学研究所，占地 120 hm²，是国家 AAAA 级旅游景区、全国科普教育基地、全国爱国主义教育示范基地；同时也是云南省热带作物科学研究所的热带作物种质资源圃的重要组成部分，"农业部景洪橡胶树种质资源圃""国家级大学生野外实践基地"。保存热带花卉 100 多种 300 多个品种，以及 600 多个热带经济植物种类的近 7 000 份种质，是集科研、科普、爱国主义教育、旅游观光、休闲度假等多功能为一体的主题植物公园，包括热带植物花卉、热带橡胶和热带水果及周总理纪念碑群文物区，开放叶子花园、稀树草坪区、热带棕榈区、空中花园、热带水果种质园、五树六花园。花卉园以热带花卉和热带经济植物作为收集保存研究的对象，保存有热带特种经济林木、热带花卉、热带水果等植物种质资源，并以独特的创意与新颖的园林布局，把这些与人类生活息息相关的植物进行分类展示，是集科研、科普、爱国主义教育、旅游观光、休闲度假等多功能为一体的主题公园。

## 联系方式 Contacts：

通信地址 Mailing Address：西双版纳景洪市宣慰大道 99 号云南省热带作物科学研究所内

官方网站 Official Website：http://www.xsbnrdhhy.com

植物园负责人 Director：辜志平，551992332@qq.com

引种负责人 Curator of Living Collections：

信息管理负责人 Plant Records in Charge：

登录号 Number of Accessions

栽培保育物种数 Number of Species：100

栽培分类群数量 Number of Taxa：600

# 香格里拉高山植物园

## Shangri-La Alpine Botanical Garden

**建园时间 Time of Established：1999 年**

**植物园简介 Brief Introduction：**

是我国藏区目前唯一的公益性植物园，也是中国第一个在低纬度高海拔地区建立的植物园，具有独特的地理和区位优势。香格里拉高山植物园自 1999 年开始筹建，2005 年正式向公众开放，发挥出植物园在保护、科研、科普、学术交流、公众体验等方面的功能和作用。香格里拉高山植物园由民办非企业单位履行植物园建设、运营与管理的责任。植物园秉承“以繁育实现保护和利用”的理念，从滇西北、藏东南及川西南横断山区引种收集我国高山、亚高山物种，开展野生花卉、药材、蔬菜、食用菌及香料等资源植物的繁育研究。园区占地面积 67 $hm^2$，建设有香雪药园、植物迷宫区、域外植物区、蔷薇园、衮青寺遗址及杓兰就地保育区、科普展览馆、苗圃基地、专家楼等主题园区和基础设施。现园内就地保护香格里拉高原上的720余种高等植物，迁地保护 300 余种。

## 联系方式 Contacts：

通信地址 Mailing Address：云南省迪庆藏族自治州香格里拉县 118 信箱

单位电话 Tel：0887-8227786

官方网站 Official Website：http://www.sabg.com.cn

植物园负责人 Director：方震东，1246288594@qq.com

引种负责人 Curator of Living Collections：刘琳，798122751@qq.com

信息管理负责人 Plant Records in Charge：海仙，421784098@qq.com

登录号 Number of Accessions

栽培保育物种数 Number of Species：300

栽培分类群数量 Number of Taxa：

# 浙江大学植物园

## Botanical Garden of Zhejiang University

**建园时间 Time of Established：1928 年**

**植物园简介 Brief Introduction：**

建成于 1928 年，早期是我国著名植物分类学家钟观光在浙大农学院任教时建立的我国第一个大学植物园，当时隶属第三中山大学（浙江大学的前身）农学院，地点在杭州笕桥。1934 年随农学院搬迁至杭州华家池现址。抗日战争期间，浙大西迁，植物园停顿。1946 年浙大复员东归后，植物园重新恢复。1952 年全国院系调整，成为浙江农业大学植物园。1998 年四校合并恢复为浙江大学植物园，隶属生命科学学院管理。2016 年移交浙江大学华家池校区管委会管理。植物园占地 0.93 $hm^2$，园内栽培植物 120 科约 1 000 种，其中蕨类植物 20 科 45 种，裸子植物 8 科 70 余种，被子植物 92 科约 900 种，还有珍稀濒危植物 30 余种。划分为蕨类植物区、裸子植物区、单子叶植物区、双子叶植物区、科研植物种植区等。（图、文 / 赵云鹏）

## 联系方式 Contacts：

通信地址 Mailing Address：杭州市余杭塘路 388 号浙江大学生命科学学院，邮编 310058

植物园负责人 Director：赵云鹏，0571-88206463，ypzhao@zju.edu.cn

引种负责人 Curator of Living Collections：李攀，0571-88206463，panli_zju@126.com

信息管理负责人 Plant Records in Charge：赵云鹏，0571-88206463，ypzhao@zju.edu.cn

登录号 Number of Accessions：3 000

栽培保育物种数 Number of Species：1 000

栽培分类群数量 Number of Taxa：1 000

# 杭州植物园

## Hangzhou Botanical Garden

**建园时间 Time of Established：1956 年**

**植物园简介 Brief Introduction：**

地处杭州西湖风景名胜区桃源岭，北纬 30°15′，东经 120°07′，占地 248.46 hm²，是具有“科学内容、公园外貌、文化内涵”的以科学研究为主，并向大众开放，进行植物科学和环境科学知识普及的综合性植物园。2015 年 1 月成立杭州市园林科学研究院，与杭州植物园合署办公，隶属于杭州市园林文物局杭州西湖风景名胜区管委会。园内建有植物分类区、经济植物区、观赏植物区、竹类植物区、珍稀濒危迁地保育区、自然生态区、引种驯化区、科研科辅区等专类园区以及为科研科普、旅游休闲和生产服务的众多设施，园内的灵峰探梅、玉泉鱼跃两大景点享誉国内外。1955 年来，杭州植物园与国内外同行进行了广泛的学术交流和种子、种苗交换。从美国、日本、澳大利亚、法国、德国、俄罗斯等 48 个国家 369 个单位引进植物；与国内 28 个省、市的 40 余家单位建立了种子种苗交换关系。（图、文 / 王挺）

## 联系方式 Contacts：

通信地址 Mailing Address：杭州西湖区桃源岭 1 号
官方网站 Official Website：http://www.hzbg.cn
植物园负责人 Director：余金良，0571-87962483，Yu700001@126.com
引种负责人 Curator of Living Collections：王挺，0571-87961657，164314353@qq.com
信息管理负责人 Plant Records in Charge：刘锦，0571-87976075

登录号 Number of Accessions：4 600
栽培保育物种数 Number of Species：4 400
栽培分类群数量 Number of Taxa：7 600

# 温州植物园

## Wenzhou Botanical Garden

**建园时间 Time of Established：1963 年**

**植物园简介 Brief Introduction：**

隶属于浙江省亚热带植物研究所，地处温州景山，占地 20 $hm^2$，其前身是创建于 1963 年的浙江省亚热带作物研究所植物标本园，1998 年经原温州市科委批准改建而成，隶属于浙江省亚热带作物研究所。现有植物 300 余种，其中国家重点保护植物 60 多种，园内的棕榈科、南洋杉科、木兰科植物及南方速生树种、乡土树种、丛生竹、花境植物、园艺设施栽培等 8 个植物展示区极具特色，是浙南第一座具有亚热带景观特色并集科研、科普的综合性植物园。（图、文 / 雷海青）

## 联系方式 Contacts:

通信地址 Mailing Address：浙江省温州市雪山路 334 号
单位电话 Tel：0577-88522861
官方网站 Official Website：http://www.zjyzs.cn
官方邮件地址 Official Email:252105354@qq.com
植物园负责人 Director：王金旺
引种负责人 Curator of Living Collections：王金旺
信息管理负责人 Plant Records in Charge：雷海清，285487173@qq.com

登录号 Number of Accessions：
栽培保育物种数 Number of Species：300
栽培分类群数量 Number of Taxa：

# 安吉竹博园

## Anji Bamboo Garden

**建园时间 Time of Established：1974 年**

**植物园简介 Brief Introduction：**

位于浙江省湖州市安吉县境内，1974 年由安吉县林业局、灵峰寺林场、中国亚热带林业研究所共同筹建，目的是收集国内外竹子种质资源。1990 年代开始发展旅游业。现总占地 80 $hm^2$，分为主入口区、竹子品种观赏区、安吉大熊猫馆、中国竹子博物馆、休闲娱乐区、热带雨林温室 6 大核心区，截止目前累计引进 450 余种竹子，保存 30 多属、300 余种竹种，是目前集散生茎、混生茎竹种品种最多、最齐全等观光型竹类植物园。2002 年被国家旅游局评为“AAAA 级景区”，2004 年被中国科协评为“全国科普教育基地”，2005 年成为全国农业旅游示范点，2009 年成为首批国家竹子种质资源保护库。（图、文 / 胡娇丽）

## 联系方式 Contacts:

通信地址 Mailing Address：浙江省安吉县递铺镇城南竹博园 1 号

单位电话 Tel：0572-5338988

传真 Fax: 0572-5338988

官方网站 Official Website：http://www.cnbamboo.cn

植物园负责人 Director：周昌平

引种负责人 Curator of Living Collections：胡娇丽

信息管理负责人 Plant Records in Charge：胡娇丽

登录号 Number of Accessions：501

栽培保育物种数 Number of Species：251

栽培分类群数量 Number of Taxa：362

# 浙江竹类植物园

## Zhejiang Bamboo Garden

**建园时间 Time of Established：1982 年**

**植物园简介 Brief Introduction：**

全称浙江省林业科学研究院竹类植物园，位于杭州市西部小和山高教园区，隶属于浙江省林业科学研究院，始建于 1982 年，占地面积 2.4 $hm^2$，为目前国内收集竹子种类最齐全的竹种园之一，也是国内知名度较高的竹类引种园。以栽培保育亚热带散生竹类为主，以观赏、笋用、材用竹种为特色，是集种质资源保存、科研、教学、生产、科普、旅游及国内外学术交流等多功能价值为一体的国内一流竹类植物园。1988 年被列入国际组织纽约植物园名录。园内的竹种引自全国各地，以及印、美、德等国。自建园至今，长期应用于竹子引种栽培及资源保护性研究，经过几代科技工作者的不懈努力，收集了大量适生于亚热带地区的竹类种质资源，实现众多散生型与丛生型竹种共聚一园，目前已经引种保存的竹类植物有 25 属 244 种（含变种）。经过 30 多年的发展，已开发出黄甜竹、角竹、龙鳞竹、早竹、浙江金竹等一批具有较高经济价值的优良竹种，培育新品种 5 个，申报并获得原国家林业局植物新品种授权 2 个（浙竹 1 号、浙竹 2 号）。浙江省林业科学研究院竹类植物园是浙江省林业科学研究院、浙江农林大学、原国家林业局竹子研发中心等科研院校高层次人才培养的试验基地，先后开展了竹子生物学特性、优良经济竹种选择、引种驯化等多项试验研究工作，获得了一批重大科研成果。建园以来，园内科普教育、竹文化学术交流、教学实习、夏令营等活动络绎不绝，已接待来园考察的国外知名人士 40 多人次、各级领导 120 多人次、国内知名竹子学者 200 多人次、有关院校实习生 600 多人次。（图、文 / 王波）

## 联系方式 Contacts：

通信地址 Mailing Address：浙江省杭州市留和路 399 号
单位电话 Tel：0571-87798205
传真 Fax：0571-87798221
官方网站 Official Website：http://www.zjforestry.ac.cn
官方邮件地址 Official Email: zjfa@mail.hz.zj.com
植物园负责人 Director：王波，0571-87798081，769242204@qq.com
引种负责人 Curator of Living Collections：王波，0571-87798081，wangbocai@eyou.com
信息管理负责人 Plant Records in Charge：王波，0571-87798081，wangbocai@eyou.com

登录号 Number of Accessions：258
栽培保育物种数 Number of Species：244
栽培分类群数量 Number of Taxa：269

# 舟山市海岛引种驯化园

# Introduction and Domestication Botanical Garden of Zhoushan Island

**建园时间 Time of Established：1993 年**

**植物园简介 Brief Introduction：**

是我国第一个海岛树木引种驯化的专类树木园，地处舟山市农林科学研究院、舟山市林场两单位林地定海北门土地堂至西门藤坑湾下水坑的丘陵坡地，占地 28 $hm^2$，属北亚热带南缘季风海洋性气候。舟山海岛引种驯化树木园下设 6 个分区及 4 个专类园：国外树种区以定植国外的松科、杉科、柏科为主，目前北美红杉生长最好；高山树种区处于海岛高丘，风大，黑松和杉木生长不良，改植日本扁柏、日本冷杉、日本柳杉等后生长良好，已郁闭成林；珍稀优良乡土树种就地保存区保存着普陀鹅耳枥、舟山新木姜子、普陀樟等国家Ⅰ级或Ⅱ级野生保护树种；珍稀树种迁地保存区定植了国家级珍稀濒危树种 48 种；国内优良阔叶树种区树种繁多，共 43 科，其中蔷薇科种数最多，樟科次之，豆科、槭树科、山茶科、忍冬科种类也较丰富，定植树种总数达 201 种；木兰园成功引种 65 种，其中 61 种定植于园内，以含笑属、木兰属为主；苏铁种子园每年可产苏铁种子 100 多公斤，对苏铁实生苗培育作了系统研究；丛生竹竹种园引种总数达 81 种，引种成功 42 种，有的种还具有较高的观赏价值；名优果树品种母本园引种以柚类、柿子、柑橘及石榴等优良品种为主为舟山海岛名优果品推广做出了示范。建园 20 多年以来，大部分树种已经开花结果，部分种类已培育出了子代供应市场，为丰富舟山群岛新区园林绿化树种多样性提供科学依据，产生了良好的社会、生态和经济效益。（图、文 / 俞慈英）

## 联系方式 Contacts:

通信地址 Mailing Address：浙江省舟山市定海区滕坑湾路65号

植物园负责人 Director：俞慈英，0580-2031647@163.com

引种负责人 Curator of Living Collections：俞慈英，0580-2031647@163.com

信息管理负责人 Plant Records in Charge：俞慈英，0580-2031647@163.com

登录号 Number of Accessions：

栽培保育物种数 Number of Species：501

栽培分类群数量 Number of Taxa：

# 浙江农林大学植物园

# Botanical Garden of Zhejiang Agriculture and Forestry University

**建园时间 Time of Established：2002 年**

**植物园简介 Brief Introduction：**

始建于 2002 年 5 月，规划总面积 130.13 hm$^2$，遵循“生态优先、景教结合、收集独特、两园合一”的规划理念，按照“多样性、独特性、趣味性”原则进行植物种类收集，园区规划突出“生态性、观赏性、系统性、先进性”，全园以植物科学选配为前提，以景观优化为特色，以服务教学科研为目标，以支撑名校园建设为任务，围绕植物科学和植物文化两条主线，建设“生态文化长廊”和“植物进化之路”两条走廊，通过植物资源、植物景观、植物文化和植物信息等四大工程实施，建设成为具有“园林外貌、科学内涵、生态特征、人文特质、科教结合”的国内一流的大学植物园。专类园区面积 88.7 hm$^2$，有松柏园、木兰园、蔷薇园、金缕梅园、槭树园、杜鹃园、桂花园、山茶园、翠竹园、果木园、棕榈园、盆景园、天目园（含天目山特色植物、珍稀植物、药用植物等）、农作园（农作物标本园）等 14 个专类园区，收集植物 2 550 种（含品种），其中木本植物 1 300 余种。有国家重点保护植物银缕梅、天目铁木、普陀鹅耳枥、百山祖冷杉、羊角槭、夏蜡梅、珙桐、南方红豆杉、金毛狗、天目木姜子等 60 余种，其他珍稀植物有细果秤锤树、西南蜡梅、鸦头梨、堇叶紫金牛、天目瑞香、玉兰叶石楠、北美红杉等 100 余种。（图、文 / 刘守赞）

## 联系方式 Contacts：

通信地址 Mailing Address：浙江杭州临安市环城北路 88 号
单位电话 Tel：0571-63740033
传真 Fax：0571-63740033
官方网站 Official Website：http://bg.zafu.edu.cn
官方邮件地址 Official Email: zhiwuy@126.com
植物园负责人 Director：刘守赞，0571-63740088
引种负责人 Curator of Living Collections：叶喜阳，0571-63740033，zhiwuy@126.com
信息管理负责人 Plant Records in Charge：邹晗，0571-63740032
登录号 Number of Accessions：
栽培保育物种数 Number of Species：2 550
栽培分类群数量 Number of Taxa：

# 杭州天景水生植物园

## Tianjing Aquatic Botanical Garden

**建园时间 Time of Established：2003 年**

**植物园简介 Brief Introduction：**

是专业从事水生植物资源调查、物种收集、濒危物种保护、种苗生产、园林应用、新品种选育等的民营专类植物园。面积 94.2 $hm^2$，员工 22 名，其中研发人员 15 名。已收集植物 1 400 多种（含品种），保育了国家Ⅰ级重点保护植物毛茛泽泻、中华水韭、东方水韭和野生莼菜，Ⅱ级重点保护植物野菱、野生稻、金荞麦、野莲、水蕨、雪白睡莲、普通野生稻。目前有 4 个课题组，分别从事睡莲、荷花、美人蕉鸢尾、水生植物收集研究，完成了省、市课题多项，发表水生植物园林应用论文 40 余篇，著作 6 种，拥有专利 35 项，初步构建了水生植物园林应用体系。选育荷花新品种 72 个，其中 14 个获“中国荷花分会新品种奖”，27 个获“莲属栽培品种国际登录”；选育的热带睡莲 10 个新品种获“睡莲属栽培品种国际登录”；选育的“乳玉鸢尾”获鸢尾属栽培品种国际登录。每年组织一次全国性学术会议，为杭州市水生植物学会的理事长单位。2014~2016 年共荣获中国风景园林学会科技进步二等奖 3 个，三等奖 1 个。杭州天景水生植物园为中国植物园联盟首批入盟单位，国际植物园保护联盟（BGCI）成员，西湖区优秀科普教育基地。（图文 / 陈煜初）

## 联系方式 Contacts：

通信地址 Mailing Address：浙江省杭州市西湖区三墩镇华联村

单位电话 Tel：0571-56301656

传真 Fax：0571-56301657

官方网站 Official Website：http://www.tjss2003.com/about.html

植物园负责人 Director：陈煜初，cyc1933@126.com

引种负责人 Curator of Living Collections：陈煜初，cyc1933@126.com

信息管理负责人 Plant Records in Charge：沈燕，710847698@qq.com

登录号 Number of Accessions：3 176

栽培保育物种数 Number of Species：286

栽培分类群数量 Number of Taxa：1 400

# 嘉兴植物园

## Jiaxing Botanical Garden

**建园时间 Time of Established：2007 年**

**植物园简介 Brief Introduction：**

隶属于嘉兴市城建委，位于嘉兴市经济开发区南片楔形绿地内，总规划建设面积为 80 hm²。立足于嘉兴市“江南水乡、河网平原”的特定自然条件，注重嘉兴和华东地区的植物物种搜集、保存、展示和利用，特别是既有观赏价值又有经济价值的植物资源，营造优美的园林环境，形成休闲游览、科普教育为主要功能，兼顾科学研究的市级植物园。自 2007 年 6 月开工建设，目前已初见规模。丰富了植物资源，保存形式多元化，收集并保育植物 500 种（含品种）；园区景观面貌逐渐提升，已打造檇李园、桂花园、梅园、兰园、分类园、牡丹园、色叶观赏林、七一纪念林、水生植物展示区等特色专类园，国际友好园、七一纪念林、沙雅林、政协林、盲人植物园等功能性专类园；打造文化活动品牌，成功举办了“梅园梅花展”“郁金香花展”“盛夏荷花展”等文化活动，引进了虹越园艺，取得了经济效益、社会效益双丰收。（图、文 / 郑雪英）

## 联系方式 Contacts：

通信地址 Mailing Address：嘉兴市长水路嘉兴植物园
植物园联系人 Person to contact：薛家麒；郑雪英
引种负责人 Curator of Living Collections：
信息管理负责人 Plant Records in Charge：
登录号 Number of Accessions：
栽培保育物种数 Number of Species：500
栽培分类群数量 Number of Taxa：

# 桐乡植物园

## Tongxiang Botanical Garden

**建园时间 Time of Established：2008 年**

**植物园简介 Brief Introduction：**

桐乡植物园是按照既有园林外貌、又具科学内涵的规划宗旨，建成的科普资源型、旅游休闲型于一体的综合性植物园，总面积 26.13 $hm^2$，属于公司性质经营，职工总人数 10 人，其中园林园艺人员 2 人，科普教育 1 人，管理人员 10 人。全园目前栽植了 200 多种植物，设有竹园，收集刚竹、紫竹、金镶玉竹等；水生植物区收集了荷花、睡莲等多种水生植物；植物园的另外一个特点就是全园种植了大量不同品种的桂花，有金桂、银桂、四季桂、丹桂，每到开花季节这满园的桂花飘香给桐乡增添了一道美丽的风景。万松岭，种植着成千上万棵松树，主要品种是湿地松，还有黑松、雪松等。同时，植物园每年引进植物来丰富植物园的植物种库。2012~2014 年入园游客人数 390 万。（图、文 / 褚玲嫣、沈虹）

## 联系方式 Contacts：

通信地址 Mailing Address：浙江省嘉兴市桐乡市环园路209号，桐乡市凤凰湖旅游发展有限公司

单位电话 Tel：0573-88138887

植物园负责人 Director：马德良，107765906@qq.com

引种负责人 Curator of Living Collections：沈虹，0573-88130932

信息管理负责人 Plant Records in Charge：褚玲嫣，0573-88130932

登录号 Number of Accessions：353

栽培保育物种数 Number of Species：205

栽培分类群数量 Number of Taxa：

# 宁波植物园

## Ningbo Botanical Garden

**建园时间 Time of Established：2011 年**

**植物园简介 Brief Introduction：**

2010 年完成规划设计，2011 年 9 月 26 日开工启动，一期于 2016 年 9 月 28 日开园。位于宁波市镇海新城，规划面积 322 $hm^2$。分为科普观光植物区、体育休闲植物区和花卉园艺植物区三大片区，分 3 期建设。建成开园的科普观光植物区占地 120 $hm^2$，18 个植物专类园，分别打造四季植物景观体验区、春花植物区（木兰春色园和钟观光纪念园、兰园、月季园、樱花海棠园和百合园）、夏景植物区（水湿生植物区和藤蔓园）、秋景植物区（槭树秋香园和桂花紫薇园）、冬景植物区（市树市花园、松柏园、梅园、竹园）、浙东特色植物区（东方本草园和古沉木园）、植物进化之路、入口展示区（四季百花园）等 6 个区域，打造了“植物进化之路”“水上森林”“藤蔓长廊”等特色景观。“植物进化之路”位于植物园核心区的中心位置，以废旧铁路为轴线，自西向东依次展示苔藓植物、蕨类植物、裸子植物和被子植物。被子植物按照克朗奎斯特系统排列，双子叶植物纲分木兰亚纲、金缕梅亚纲、五桠果亚纲、蔷薇亚纲、菊亚纲，选择重点科属来展示植物进化之路的大致轮廓；“水上森林”拟打造成国内收集耐水湿生木本植物种类最多的特色园；“藤蔓长廊”以紫藤为特色，兼种各类奇异瓜果，打造成春赏紫藤秋品瓜的长廊美景。已收集原生种约 650 种、园艺品种约 2 500 种，隶属于 142 科 390 属。（图、文 / 徐绒娣）

## 联系方式 Contacts:

通信地址 Mailing Address：浙江省宁波市镇海区北环东路1177号

单位电话 Tel：0574-86385111

传真 Fax：0574-86567662

植物园负责人 Director：郑小青，1773848989@qq.com

信息管理负责人 Plant Records in Charge：徐绒娣，xurongdi@126.com

登录号 Number of Accessions：1 400

栽培保育物种数 Number of Species：650

栽培分类群数量 Number of Taxa ：2 500

# 香港动植物公园

# Hong Kong Zoological and Botanical Gardens

**建园时间 Time of Established：1871 年**

**植物园简介 Brief Introduction：**

香港动植物公园隶属于香港康乐及文化事务署，位于香港岛中环雅宾利道，占地 5.6 $hm^2$。1860 年动工兴建，1864 年局部开放，1871 年全面落成并开放，Mr. Charles Ford 被委任为首位园林监督（Superintendent）。早期以收集和研究本地植物为主，故名植物公园。自 1876 年起，陆续饲养雀鸟及哺乳类动物，后于 1975 年正式易名为“香港动植物公园”。栽培有 1 000 多种植物，大部分产自热带及亚热带地区，包括了香港本地及外国的主要品种，如松柏、无花果、棕榈、桉树、玉兰、茶花、杜鹃、南洋杉、旅人蕉、大王棕、宝塔树、细叶桉、第伦桃及春羽等。稀有的植物有水杉、福氏臭椿、克氏茶、葛量洪茶和金花茶。公园设有草药园。建有竹园、茶花园、玉兰园、棕榈园、紫荆园、杜鹃园等专类园。设立古树名木径，有紫檀、东方乌檀、贝壳杉、落羽杉等古树名木 24 棵。东面边缘的温室种植了超过 150 多种本地及外来品种的植物，包括兰花、蕨类植物、凤梨科植物、攀缘植物和室内植物等。香港动植物公园主要目的是推广公园在动植物方面的贡献，透过教育、保育、研究计划和展览，促进公众对各种生物的认识和重视，引领公众欣赏各物种与自然共存之道，每年为 1 万名学生提供教育活动，使学生和大众能够对动物、植物、生物多类化及环境方面更认识了解。

## 联系方式 Contacts：

通信地址 Mailing Address：香港特别行政区中环雅宾利道

单位电话 Tel：852-25300154

传真 Fax: 852-25371207

官方网站 Official Website：http://www.lcsd.gov.hk/tc/parks/hkzbg

官方邮件地址 Official Email:dmhkzbg@lcsd.gov.hk

植物园负责人 Director：

引种负责人 Curator of Living Collections：

信息管理负责人 Plant Records in Charge：

登录号 Number of Accessions：

栽培保育物种数 Number of Species：c.1 000

栽培分类群数量 Number of Taxa：

# 香港嘉道理农场暨植物园

## Hong Kong Kadoorie Farm and Botanical Garden

**建园时间 Time of Established：1956 年**

**植物园简介 Brief Introduction：**

香港嘉道理农场暨植物园位于香港大帽山的北坡和山麓，占地 148 hm²。1956 年，嘉道理农业辅助会在白牛石修建试验及推广农场，示范高效及可创造盈利的耕种和畜牧方法，同时致力改善牲口品种，以及向本地农民和驻港啹喀兵提供训练。农场原初的目标是向贫苦农民提供农业辅助，帮助他们自力更生。从 1960 年起，透过植林、树林的自然生长和防治山火的工作，已转变成主题植物园。1995 年 1 月香港立法局通过“嘉道理农场暨植物园公司条例”，嘉道理农场正式成为非牟利机构，把重点转移至自然保护及教育方面。嘉道理农场虽然是一所公众公司，但其资金和管理由私人经营，经由“嘉道理基金”信托人委任的董事局独立管理。嘉道理农场每年开支约为 8 000 万港元，由“嘉道理基金”拨出，而占地 148 hm² 的农场暨植物园，属政府租地。嘉道理农场与多个政府组织、大学和非政府机构进行多个合作项目。植物园有 1 000 多种植物，拥有一半以上的香港本地植物；饲养大部分香港的大型哺乳类动物、昆虫、爬虫类及两栖类动物。植物园经常为不同年龄或团体举办多项活动，举办多类培训课程及工作坊。

## 联系方式 Contacts：

通信地址 Mailing Address：香港特别行政区新界大埔林锦公路

单位电话 Tel： 0852-24837200

传真 Fax: 0852-24886702

官方网站 Official Website：http://www.kfbg.org/chi/index.aspx

官方邮件地址 Official Email:info@kfbg.org

植物园负责人 Director：薄安哲

引种负责人 Curator of Living Collections：上官达博士

信息管理负责人 Plant Records in Charge：陈辈乐 博士

登录号 Number of Accessions：

栽培保育物种数 Number of Species：1 000

栽培分类群数量 Number of Taxa：

# 城门标本林
## Shing Mun Arboretum

**建园时间 Time of Established：1970 年**

**植物园简介 Brief Introduction：**

城门标本林占地 4 hm$^2$，位于城门郊野公园内，原为城门谷村落在兴建水塘搬迁后荒废的梯田，于 1970 年代初开始栽种各种具代表性的原生植物，已收集约 300 种本地或华南地区具重要性的植物共计 7 000 多棵，城门标本林内种植了不少珍贵及稀有植物，包括不同种的竹，多种受保护的植物，以植物学家命名的植物，在香港首次发现的植物以及本土野生的茶花等，为香港一个存护植物的基地，是在郊野学习植物的理想地方。渔农护理署在城门设立了野外研习园及蝴蝶园，沿途装设解说牌，以帮助游人认识郊野的动植物和各类生态。在园内雀鸟、蝴蝶及蜻蜓等野生生物出现的地方，游人可透过亲身接触，发掘大自然的野趣。为鼓励游人探索大自然，渔护署举办了一系列让公众及学生参与的自然教育活动。

## 联系方式 Contacts：

通信地址 Mailing Address：香港九龙长沙湾道 303 号长沙湾政府合署七楼 737 室

单位电话 Tel：0852-2150 6900

传真 Fax：0852-2376 3749

官 方 网 站 Official Website：http://www.afcd.gov.hk/tc_chi/conservation/con_flo/con_flo_shing/con_flo_shing.html

植物园负责人 Director：彭权森

引种负责人 Curator of Living Collections：张咏愉

信息管理负责人 Plant Records in Charge：张咏愉

登录号 Number of Accessions：260

栽培保育物种数 Number of Species：269

栽培分类群数量 Number of Taxa：

# 澳门植物园

## Macao Botanical Garden

**建园时间 Time of Established：1985 年**

**植物园简介 Brief Introduction：**

澳门植物园始建于 1985 年，位于澳门石排湾郊野公园内，面积 20 hm²，由香花园、药用植物园、趣异植物园、引种试种区、路环树木园、蕨类植物小区、叠石谷湿地生态模拟区等 6 个专类园和叠石谷湿地生态模拟区组成。香花园建园于 1985 年启用，后因石排湾郊野公园重整用途改变而于 2010 年撤销。药用植物园及趣异植物园建园于 1994 年，药用植物园收集澳门本土野生或习见栽培的药用植物近 200 种，包含了广东著名凉茶“五花茶”和“廿四味”的部分种类；趣异植物园内除植有食虫植物猪笼草、胎生植物桐花树等，还有中西文化交流的产物，其内一棵鳄梨乃 1996 年葡萄牙参加“植物的旅程与葡国航海大发现”的展品。路环树木园于 1986 年开始建园，至 1997 年正式对外开放，园内种植了 39 科近 90 种树木，是澳门唯一的树种基因库，保存了澳门离岛重植林的主要树种。蕨类植物小区建于 2001 年收集了约 50 种蕨类。叠石谷湿地生态模拟区原为山谷中一处旱季干涸的小溪，2007 年加建堤坝和水池后，改造成常年水量充沛，生物多样性丰富的湿地生态研究试点。石排湾郊野公园（Parque de Seac Pai Van）为澳门最大的自然绿化区，隶属于澳门民政总署，其前身为农场，1981 年澳葡政府将此地定为保护区域，1984 年 11 月开始改建作郊野公园，是澳门第一个郊野公园，亦是澳门最大的自然郊野公园，具有教育、生态学、风景及科学的价值，而石排湾郊野公园紧依之叠石塘山是澳门生物多样性最丰富的地区，于 2014 年年底开展计划在原有的基础上对植物园区的划分及游园路线等进行合理规划，将建造达致生态保护与教育，并兼顾游人的爱好与游憩需求，反映地带性与植物区系特点，突出澳门历史与乡土植物文化的植物园。乔木园栽植多达 40 科 100 种树木，药用植物园栽植了澳门本土野生或习见栽培的药用植物近 200 种，趣异植物园栽植了 29 种特别植物；香花植物园栽植了 32 种可发出花香的植物；外地种子交流试种区栽植了外来的植物品种，如台湾栾树、草莓番石榴等。澳门植物园的定位与使命是以保护澳门本土的植物为主，并着重科普推广和教育；主要任务是植物保护、科学推广和教育、郊野休憩等。有保育栽培规范或操作规程和植物引种收集与迁地保育管理制度，有《引种栽培植物名录》，开展了引种记录与植物登录管理，无计算机植物记录系统；印制了《种子交换名录》，近 5 年交换种子 2 008 种。

## 联系方式 Contacts：

**通信地址 Mailing Address**：路环石排湾郊野公园民政总署园林绿化部自然保护研究处

**单位电话 Tel**：0853-2888 0087

**传真 Fax**：0853-2888 2247

**官方网站 Official Website**：http://nature.iacm.gov.mo

**官方邮件地址 Official Email**:decn@iacm.gov.mo

**植物园负责人 Director**：潘永华，0853-28870278，WingP@iacm.gov.mo

**植物引种收集负责人**：洪宝莹，0853-28870277，pihong@iacm.gov.mo

**信息管理负责人 Plant Records in Charge**：陈玉芬，0853-28870277，fannyc@iacm.gov.mo

**登录号 Number of Accessions**：

**栽培保育物种数 Number of Species**：ca.640

**栽培分类群数量 Number of Taxa**：

# 台北植物园

## Taipei Botanical Garden

**建园时间 Time of Established：1896 年**

**植物园简介 Brief Introduction：**

台北植物园附属于林业试验所，位于台北市西南侧与博爱路南端，占地约 8.2 $hm^2$。1895 年，在小南门外空地先辟建苗圃，由殖产局之林业试验场管理，面积不及 5 $hm^2$，而后经购地扩建达 15 $hm^2$，除部分供育苗外，余均予划分区域，辟为母树园，低洼处则挖掘为池沼，分别自我国台湾或日本采运母树植于园内，并插名牌，普及植物教育。1921 年，台北中央研究所成立，接管林业试验场，另设台北林业部，苗圃正式改名为植物园，除继续原有工作外，植物园亦派员前往欧、美、澳、非洲及东南亚一带收集树种，运回培育。到 1930 年前后，园内已栽种 1 120 种植物，其中大半从国外引进，对于学术及自然科学教育贡献殊巨。第二次世界期间园区建设中辍，树木枯损殆尽。后来，在林业试验所经营下，竭人力财力，将园区重新整理，同时积极引种栽植。目前园区内之建筑与植物种类已远超过以往。台北植物园具有完整植物搜集记录文件，并进行科学研究、保育、展示及教育的场所，主要任务与功能为透过有系统的科学调查研究与记录，提供完整的植物保育资讯；透过广泛的植物搜集与培育，进行植物的保育；透过生动的展示与启发性的教育，强化民众的保育认知；透过国际植物园网络系统，进行全球的植物多样性保育工作。园区设有多肉植物区、民生植物区、诗经植物区、裸子植物区、蕨类植物区、成语植物区、温室、植物名人园区、榄仁广场、植物分类园区、十二生肖植物区、佛教植物区、合瓣花区、植物另类体验园区、水生植物区、双子叶植物区、竹区、赏荷广场、荷花池、文学植物区、民族植物区、姜区、棕榈区，收集植物多达 2 000 种。员工总数 31 人，其中职员 11 人、技工 10 人、园艺劳务 7 人（外包）、环境教育 1 人（外包）、聘雇 2 人。

## 联系方式 Contacts：

通信地址 Mailing Address：10066 台北市南海路 53 号
单位电话 Tel：02-2303-9978 ext. 1420
传真 Fax:02-2307-6220
官方网站 Official Website：http://tpbg.tfri.gov.tw/index.php
官方邮件地址 Official Email:tpbg@tfri.gov.tw
植物园负责人 Director：徐嘉君，02-2303-9978 ext.2905，ecogarden@tfri.gov.tw
引种负责人 Curator of Living Collections：林谦佑，02-2303-9978 ext.2706，cylin@tfri.gov.tw
信息管理负责人 Plant Records in Charge：陈建文，02-2303-9978 ext.2700，lrrchen@tfri.gov.tw

登录号 Number of Accessions：4 800
栽培保育物种数 Number of Species：1 200
栽培分类群数量 Number of Taxa：2 000

# 恒春热带植物园

## Hengchun Tropical Botanical Garden

**建园时间 Time of Established：1906 年**

**植物园简介 Brief Introduction：**

恒春热带植物园始建于 1906 年，早期于龟仔角试验地设立第三号母树园及热带有用植物标本园，为恒春热带植物园之前身。后来林业试验所于 1945 年将龟仔角试验地之“热带有用植物标本园”更名为“恒春热带植物园”。现有展示区包括兰屿植物、民俗植物、藤本植物、水生植物、恒春半岛植物、苏铁植物、热带果树、稀有植物、豆科植物、白榕植物、榕属植物、椰子植物、壳斗科植物、樟科植物区、变叶木植物、天南星科植物和蕨类植物 17 个主题展示区。使命与定位为收集保存丰富的热带植物资源，担负恒春半岛低海拔稀有植物保存库。其主要任务和功能是植物种原保存、支持研究、植物物种资源开发、园艺技术的发展，以及对民众推行植物及生态教育等任务；发挥研究、教育、保育以及游憩等功能。占地面积近 64 $hm^2$，另含母树园等园区外保育基地，由林业试验所恒春研究中心管辖。

## 联系方式 Contacts：

通信地址 Mailing Address：台湾屏东县恒春镇公园路 203 号
官方网站 Official Website：http://tfrihc.myweb.hinet.net
官方邮件地址 Official Email: tfrihc@tfri.gov.tw, tawin0422@gmail.com
植物园负责人 Director：王相华，+886-8-8861157 ext.123，hhwang@tfri.gov.tw
引种负责人 Curator of Living Collections：伍淑惠，+886-8-8861157 ext.107，wsh@tfri.gov.tw
信息管理负责人 Plant Records in Charge：伍淑惠，+886-8-8861157 ext.107，wsh@tfri.gov.tw
登录号 Number of Accessions：3 917
栽培保育物种数 Number of Species：74
栽培分类群数量 Number of Taxa：1 664

# 嘉义植物园

## Chiayi Botanical Garden

**建园时间 Time of Established：1908 年**

**植物园简介 Brief Introduction：**

嘉义植物园隶属于台湾林业试验所中埔研究中心，有四湖海岸植物园、嘉义树木园和埤子头植物园等 3 个园区。嘉义树木园创建于 1908 年，约 8.3 hm²，都会型植物园，初期从世界各热带地区引进经济树种，作为热带植物研究，以橡胶树与热带经济树种为主，因此全区以热带树种为主，故称为“嘉义树木园”；引进树种除供适应性观察外，也兼具母树园之功能。现有维管束植物种类 62 科 175 种，目前园区依植栽特色及现况划分为 14 个分区，其中 8 个植物展示区，是台湾第三早设立的植物园，列名台湾外来三大热带树木园之首，受到某种程度的管制与保护，百年来造就树木园成为少见的都会城市植物园区。1993 年设立四湖海岸植物园，位于云林县四湖乡滨海地区，设有海岸苗圃、海岸植物标本园、滨海湿地植物区及海岸防风林等展示区，现保育植物 61 科 141 种，主要为台湾滨海植物收集研究基地，各项作业与研究目的主要在推动海岸防风林的更新及改善防风林相的组成及结构，未来发展成海岸型之植物研究教育园区，以海岸生态、育林作业体系之建立、环境解说教育与资源保育等多功能之植物展示园区。埤子头植物园面积约 4.6 hm²，于 2001 年完成规划整建，2005 年 4 月 22 日始正式对外开放起用。其是嘉义市东区最崭新、最优美的植物园，植物园邻近文化中心杉池，早期为橡胶树繁殖试验苗圃(设立于 1907 年)，后期为竹类标本园，随时代的变迁，进而作为造林树种与绿美化苗木培育之场所。现有维管束植物种类 57 科 154 种。植物园区内目前规划有灌木、蔓藤、香花、竹类、草皮等植物区，及都市复层林景观区，供民众学者休闲、游憩、教学、研究等四大功能使用。

## 联系方式 Contacts：

通信地址 Mailing Address：嘉义市文化路 432 巷 65 号林业试验所中埔研究中心，60081
官方网站 Official Website：http://cytfri.tfri.gov.tw
官方邮件地址 Official Email: tfricp@tfri.gov.tw
植物园负责人 Director：黄正良，05-2311730-211，jlhwong@tfri.gov.tw
引种负责人 Curator of Living Collections：邓书麟，05-2311730-330，dengsl@tfri.gov.tw
信息管理负责人 Plant Records in Charge：黄正良，05-2311730-211，jlhwong@tfri.gov.tw
登录号 Number of Accessions：2 579
栽培保育物种数 Number of Species：273
栽培分类群数量 Number of Taxa：273

# 台湾高山植物园

## Taiwan Alpine Botanical Garden

**建园时间 Time of Established：1912 年**

**植物园简介 Brief Introduction：**

台湾高山植物园建于 1912 年，面积 0.015 $hm^2$，展示有数百种植物。种植有台湾扁柏、台湾云杉、刺柏、红桧等暖、温、寒三带的植物 100 多种。安奉树灵为主的树灵塔巨碑左右各有一棵古树，其中一株千岁桧高 40 m，已有 2 000 年高龄；另一株光武桧，树龄逾 2 300 年。高山博物馆内陈列阿里山区常见之动物、植物、蝶类、土壤、矿物等标本与早期伐木、集材等器具模型。

## 联系方式 Contacts:

通信地址 Mailing Address：台湾嘉义县慈云寺大门左侧
植物园负责人 Director：
引种负责人 Curator of Living Collections：
信息管理负责人 Plant Records in Charge：
登录号 Number of Accessions：
栽培保育物种数 Number of Species：100
栽培分类群数量 Number of Taxa：

# 下坪热带植物园

## Siaping Tropical Botanic Garden

**建园时间 Time of Established：1923 年**

**植物园简介 Brief Introduction：**

1923 年 6 月，设立“下坪树木园”以栽培热带树木为宗旨，位于台湾南投县竹山镇。1960 年辟为果园，1966 年设置标本园。2002 年规划整建为国家植物园系统的下坪热带植物园，其目标为建立台湾中部地区本土植物资源基础研究基地，成为中部地区本土濒危植物资源迁地保育中心；设置自然教室，结合小区教学资源，发展自然教学教案，成为中部地区自然教学户外教室，提供完整自然教育体系；结合小区观光资源，提供具地区特色的生态旅游活动；建立完善植物园经营管理体系，作为地区性植物园经营之示范。其中，以物种保育、特殊物种展示、自然教育、生态旅游四大主题分区，共分为中部植物种源区、物种复育区、竹类标本区、湿水生植物展示区、自然教学区、植物学教学区、景观游憩区等七区，配合管理中心、自然教室及环园导览系统，充分发挥园区功能。其使命与定位是试验研究、教学实习、示范经营与环境保育，由台湾大学生物资源暨农学院实验林管理处管理。总面积 8.87 hm$^2$，展示区面积 5.87 hm$^2$。（图、文 / 杨智凯）

## 联系方式 Contacts：

通信地址 Mailing Address：台湾南投县竹山镇前山路一段12号

植物园负责人 Director：蔡明哲教授，886-49-2655362，chief@exfo.ntu.edu.tw

引种负责人 Curator of Living Collections：杨智凯，886-49-2642183，eflora.yang@gmail.com

信息管理负责人 Plant Records in Charge：杨智凯，886-49-2642183，eflora.yang@gmail.com

登录号 Number of Accessions：

栽培保育物种数 Number of Species：850

栽培分类群数量 Number of Taxa：750

# 双溪热带树木园

## Shuangsi Tropical Arboretum

**建园时间 Time of Established：1935 年**

**植物园简介 Brief Introduction：**

双溪热带树木园建于 1935 年，由日本人设立，自南美洲、澳大利亚、非洲等地引进各式树种试植，引进的种类计 270 余种。旧名“双溪热带母树林”“竹头角热带树木园”，母树林面积达 7 hm²，以引种热带植物为主。现迁地保育树种有 96 种，其中 28 种在台湾独有，面积 26 hm²。双溪由于袋状封闭地形的保护，减缓了道路贯穿及人为开发对当地生态系统的干扰与破坏，使得部分瑰奇的自然景观得以幸存至今，其中最著称者为全岛独一的热带母树林、万蝶群舞的黄蝶翠谷生态以及栖息繁衍于谷内热带雨林中的各种珍稀或濒临绝种的动植物。

## 联系方式 Contacts:

通信地址 Mailing Address：台湾高雄市美浓镇双溪
植物园负责人 Director：
引种负责人 Curator of Living Collections：
信息管理负责人 Plant Records in Charge：
登录号 Number of Accessions：
栽培保育物种数 Number of Species：96
栽培分类群数量 Number of Taxa：

# 福山植物园

## Fushan Botanical Garden

**建园时间 Time of Established：1979 年**

**植物园简介 Brief Introduction：**

福山植物园隶属于林业试验所福山分所，以收集、研究与展示台湾中海拔植物为主要目标。园区的设立系有鉴于早期规划的台北植物园已达饱和，且当时台湾中低海拔的天然阔叶森林因为林地开发而日渐减少，故筹设北部天然阔叶林之试验场所，并设置植物标本园，以供试验研究需要，同时发挥种源保育的功能。使命与定位是提供研究机会、境外保育、基因保存、生态旅游及环境教育场域，并作为保育、研究、教育与游憩兼具之综合功能性植物园。主要任务和功能是建立保护区长期生态监测系统，持续收集保存台湾中低海拔原生植物基因。结合当地环境资源特色及研究成果，研发自然探索教育课程及相关教材，办理种子教师训练，供相关单位进行户外教学。建置及更新自导式解说系统，增进访客自然体验，深化保育观念。福山植物园占地面积近 409.5 $hm^2$，自然植被面积 390 $hm^2$，专类园区面积 20 $hm^2$，有樟科、壳斗科、山茶科、木兰科、裸子植物区、蕨类展示区、蔷薇科、杜鹃花科等植物专类园区 20 个，由林业试验所福山研究中心管辖。员工总人数 29 人，其中园林园艺员工 8 人、环境教育 10 人、研究人员 6 人、管理人员 5 人。

## 联系方式 Contacts：

通信地址 Mailing Address：台湾宜兰县员山乡湖西村双埤路福山 1 号(宜兰邮政第 132 号信箱)

单位电话 Tel：+886-3-9228900

传真 Fax：+886-3-9228904

官方网站 Official Website：http://fushan.tfri.gov.tw

官方邮件地址 Official Email: fushanweb@tfri.gov.tw

植物园负责人 Director：游汉明，886-3-9228900 ext.101，yhm@tfri.gov.tw

引种负责人 Curator of Living Collections：范义彬、陈正丰，886-3-9228900

信息管理负责人 Plant Records in Charge：范义彬、陈正丰，886-3-9228900

登录号 Number of Accessions：

栽培保育物种数 Number of Species：700

栽培分类群数量 Number of Taxa：750

# 扇平森林生态科学园

# Shanping Forest Ecological Science Park

**建园时间 Time of Established：1993 年**

**植物园简介 Brief Introduction：**

扇平森林生态科学园建于 1993 年，隶属于台湾林试所，面积 933 $hm^2$，展示面积 400 $hm^2$，海拔 400~1 400 m，年均气温 21℃，有植物 129 科 658 种，分为竹类标本园、树木标本园、楠木类展示区、景观植物区、天然林展示区、人工林经营展示区、攀爬植物展示区、民族及特用植物区、溪流生态展示区，具有研究、保育、教育、休憩功能。竹类标本园以经营竹园为研究与推广目标，规划整合为学术研究、林业推广、国民休憩场所与生态保育教育等功能的植物园，系以学术研究、林业推广、国民休憩场所与生态保育教育等为主要功能，规划展示的物种包含竹类、楠木、藤类、金鸡纳树、咖啡树、溪流生态植物及景观植物等，除了以展示区显现外，多处是以自然生长方式规划。

## 联系方式 Contacts：

通信地址 Mailing Address：台湾高雄市六龟区中兴村 198 号
植物园负责人 Director：
引种负责人 Curator of Living Collections：
信息管理负责人 Plant Records in Charge：
登录号 Number of Accessions：
栽培保育物种数 Number of Species：
栽培分类群数量 Number of Taxa：

# 高雄市原生植物园

## Kaohsiung Original Botanical Garden

**建园时间 Time of Established：1994 年**

**植物园简介 Brief Introduction：**

高雄市原生植物园始建于 1994 年，占地 4.66 $hm^2$，是首座以台湾原生植物为主题的绿化公园，保育有台湾原生植物 45 科 60 多种，是一所活的台湾植物博物馆，具备地方特色之外，也兼备教育与休憩的功能。

## 联系方式 Contacts:

通信地址 Mailing Address：高雄市左营区纵贯铁路旁
单位电话 Tel：07-3497538
传真 Fax:07-3497538
官 方 网 站 Official Website：http://pwbmo.kcg.gov.tw/NaturePark/Default.aspx
植物园负责人 Director:
引种负责人 Curator of Living Collections:
信息管理负责人 Plant Records in Charge:
登录号 Number of Accessions:
栽培保育物种数 Number of Species:
栽培分类群数量 Number of Taxa:

# 内双溪森林药用植物园

## Neishuangxi Medicinal Herb Garden

**建园时间 Time of Established：1995 年**

**植物园简介 Brief Introduction：**

内双溪森林药用植物园始建于 1995 年。为台北市政府产业发展局为了宣导森林生态保育观念，加强对野生植物的认识与珍惜，特别在内双溪森林自然公园内，规划设立内双溪森林区内的药用植物园占地 0.3 $hm^2$，规划百草茶植物区、十二生肖植物区、原生药用植物区、有毒植物区、五行药用植物区、果树保健药用植物区。

## 联系方式 Contacts：

通信地址 Mailing Address：台北市士林区至善路三段 150 巷 27 号

单位电话 Tel：02-27593001 ext. 3313

官方网站 Official Website：http://www.herb.nat.gov.tw/index.asp

官方邮件地址 Official Email: timooo888@hotmail.com

植物园负责人 Director：

引种负责人 Curator of Living Collections：

信息管理负责人 Plant Records in Charge：

登录号 Number of Accessions：

栽培保育物种数 Number of Species：

栽培分类群数量 Number of Taxa：

# 国立自然科学博物馆植物园

## Natural Museum of Science Botanical Garden

**建园时间 Time of Established：1999 年**

**植物园简介 Brief Introduction：**

国立自然科学博物馆植物园始建于 1999 年，隶属于国立自然科学博物馆，面积 4.5 $hm^2$；依台湾低海拔植物生态划分户外园区，以恒春半岛为出发点，逆时针方向，迂回环绕全岛，依次为隆起珊瑚礁区、兰屿区（外岛）、海岸林区、季风雨林区、台东苏铁区、北部低海拔区、中部低海拔区、南部低海拔区、季风雨林区，各区搭配不同的地形景观，并模拟原生育地环境，合并八区的植物组合，呈现完整台湾低地植物地图。园区的中心点建有一座高约 40 m，以圆管钢架建筑、玻璃帷幕的热带雨林温室，展示多种热带雨林植物、亚马孙河鱼类与箭毒蛙生态。其中，模拟热带雨林的环境特征，展示有超高树、河岸雨林、雨林地床、低地热带雨林等，植栽共约 400 多种。

## 联系方式 Contacts：

通信地址 Mailing Address：台中市北区馆前路一号
单位电话 Tel：04-23226940
传真 Fax：04-23236139
官方网站 Official Website：http://www.nmns.edu.tw
官方邮件地址 Official Email:nmnsfund@gmail.com
植物园负责人 Director：孙维新
引种负责人 Curator of Living Collections：
信息管理负责人 Plant Records in Charge：
登录号 Number of Accessions：
栽培保育物种数 Number of Species：
栽培分类群数量 Number of Taxa：

# 台东原生应用植物园

## Yuan Sen Applied Botanical Garden

**建园时间 Time of Established：2005 年**

**植物园简介 Brief Introduction：**

台东原生应用植物园于 2005 年 3 月初正式开放，面积超过 200 hm²，种植有 2 000 多种药草，设置有草药区、原生探索植物园、水生植物区、香氛植物区、百草茶植物区、保健药草区、药膳植物区与地被性药用植物区等，具研究、保育、教育功能。

## 联系方式 Contacts：

通信地址 Mailing Address：台湾台东县 (954) 卑南乡明峰村试验场 8 号

单位电话 Tel：800-385858

传真 Fax：0830-1730

官方网站 Official Website：http://yuan-sen.com.tw

植物园负责人 Director：

引种负责人 Curator of Living Collections：

信息管理负责人 Plant Records in Charge：

登录号 Number of Accessions：

栽培保育物种数 Number of Species：

栽培分类群数量 Number of Taxa：2 000

# 太麻里海岸植物园

## Taimali Coastal Botanical Garden

**建园时间 Time of Established：2009 年**

**植物园简介 Brief Introduction：**

太麻里海岸植物园建于 2009 年，隶属于台湾林试所，展示面积 11.82 $hm^2$，分为台东海岸原生植物区、水生植物区、海岸沙滩植物区、海岸岩生植物区、台东民族植物区，功能定位为学术研究与植物物种基因保存，而休憩与环境生态教育功能为辅，目标系以试验研究功能为主，收集东部海岸植物种源及保存植物基因；其次为配合东部自然生态旅游网，发展休闲游憩与自然环境解说教育功能。植物物种集中为台湾东部海岸植物原生区、水生植物区、海岸岩石植物区、台东民俗植物区和海岸沙滩植物区。保育展示植物 171 种。

## 联系方式 Contacts:

通信地址 Mailing Address：台湾台东县太麻里乡
单位电话 Tel：05-7720281
传真 Fax: 05-7720471
官方网站 Official Website：http://cytfri.tfri.gov.tw，http://tcbg.tfri.gov.tw/index.php

植物园负责人 Director：
引种负责人 Curator of Living Collections：
信息管理负责人 Plant Records in Charge：
登录号 Number of Accessions：
栽培保育物种数 Number of Species：
栽培分类群数量 Number of Taxa：

# 第三章　中国植物园的现状与发展

# Chapter 3　Status Quo and Developmental Prospects of the Chinese Botanical Gardens

全球现有植物园（树木园）约 2 000 个，收集保存高等植物约 10 万种，其中濒危植物约 1.5 万种，每年接待游客约 2 亿人次，促进了植物科学的进步和公众知识服务的提升（黄宏文，2017；Costa et al., 2016；Mounce et al., 2017）。我国植物园由于历史和现状资料缺乏系统梳理，我国植物园的数量、保护能力和植物迁地保护等基本现状不清，植物多样性迁地保护的国家策略难以明晰。华南植物园迁地栽培植物志研究团队经过 4 年多的问卷调查、文献研究和实地走访，全面开展了全国植物园及其植物迁地保护调查，分析了我国植物园的发展现状与存在问题，并提出了相关建议，期待通过实施“植物园国家标准体系建设与评估”、中国迁地植物志编研等项目，增进全国植物园的联合发展，为整合保护和利用战略植物资源发挥积极的作用。

我国近几十年对国内外植物的引种、迁地栽培和保护形成的庞大的资源平台，对基础植物学研究例如植物分类学、形态解剖学、生殖发育及遗传育种等发挥重要支撑，我国植物园和树木园开展了较全面的科学研究，涵盖了现代植物园研究的所有学科，但各项研究和不同系统的植物园工作重点各不相同。同时，我国植物园在资源发掘评价、植物新品种选育、植物新品种权与发明专利等方面取得了长足的进展，对植物资源的发掘利用都发挥了极其重要的作用。

### 3.1 科学研究进展 Scientific research

现代植物园是植物学研究的专门科研机构。科学研究，尤其是基于活植物收集的研究是植物园的界定性特征，也是现代植物园开展生物多样性保护和植物迁地保育的重要保障。本次调查显示我国植物园从事的科学研究涵盖了国际现代植物园科学研究的全部内容，包括迁地保护项目、野外回归项目、保护生物学、保护遗传学、分子遗传学、生态学、生态系统保护、恢复生态学、城市环境、植物区系地理学、植物系统学和分类学、民族植物学、园艺学、传粉生物学、种子 / 孢子生物学、入侵生物学和控制、植物考察与引种、种子交换名录、植物园国际种子交换、数据管理系统和信息技术和科普教育等方面的研究。

调查表明，虽然我国植物园开展的科学研究较为全面、学科门类齐全，涵盖了现代植物园研究的所有学科，但各项研究和不同系统的植物园工作重点各不相同（表 6）。例如，调查确认的 162 个植物园中，开展植物分类学、园艺学、民族植物学和保护生物学研究的植物园分别为 68 个（占植物园总数的 42%）、77 个（占 47.5%）、32 个（占 19.8%）和 58 个（占 35.8%），有 54 个植物园（33.3%）和 24 个植物园（14.8%）实施了迁地保护项目和野外回归项目。中国科学院植物园开展分类学、园艺学、民族植物学、迁地保护、野外回归和入侵生物监测的比例最高，具有明显的引领作用。

表 6　中国植物园科学研究

Table 6　Scientific research of the Chinese botanical gardens and arboreta

| | 植物系统分类学 / 占比 (%) Taxonomy(%) | 园艺学 / 占比 (%) Horticulture(%) | 民族植物学 / 占比 (%) Ethnobotany(%) | 迁地保护项目 / 占比 (%) Ex situ conservation(%) | 野外回归项目 / 占比 (%) Reintroduction(%) | 保护生物学 / 占比 (%) Conservationbiology(%) | 入侵生物监测 / 占比 (%) Invasive monitoring(%) | 植物园数量 / 占比 (%) BG Number(%) |
|---|---|---|---|---|---|---|---|---|
| 中国科学院 CAS | 14/20.59 | 13/16.88 | 9/28.13 | 12/22.22 | 7/29.17 | 14/24.14 | 10/32.26 | 15/9.26 |
| 教育部门 Educatio Department | 7/10.29 | 6/7.79 | 5/15.63 | 3/5.56 | 312.5/ | 4/6.9 | 2/6.45 | 15/9.26 |
| 住房与建设部门 Housig/Urba-Rural Department | 0/0 | 3/3.9 | 0/0 | 1/1.85 | 0/0 | 0/0 | 0/0 | 8/4.94 |
| 林业部门 Forest Department | 17/25 | 21/27.27 | 5/15.63 | 17/31.48 | 8/33.33 | 16/27.59 | 9/29.03 | 44/27.16 |
| 园林部门 Ladscapig Department | 12/17.65 | 14/18.18 | 4/12.5 | 6/11.11 | 2/8.33 | 8/13.79 | 4/12.90 | 34/20.99 |
| 农业部门 Agricultural Department | 3/4.41 | 1/1.3 | 0/0 | 0/0 | 0/0 | 1/1.72 | 0/0 | 6/3.7 |
| 医药部门 Medical/Medicial Department | 3/4.41 | 4/5.19 | 3/9.38 | 3/5.56 | 1/4.17 | 4/6.9 | 0/0 | 4/2.47 |
| 科技部门 Sci-Tech Department | 5/7.35 | 5/6.49 | 4/12.50 | 4/7.41 | 1/4.17 | 6/10.34 | 3/9.68 | 8/4.94 |
| 港澳台 Hog Kog, Macao ad Taiwa | 5/7.35 | 5/6.49 | 1/3.13 | 6/11.11 | 1/4.17 | 3/5.17 | 3/9.68 | 17/10.49 |
| 企业及其他 Eterprises/others | 2/2.94 | 5/6.49 | 1/3.13 | 2/3.7 | 1/4.17 | 2/3.45 | 0/0 | 11/6.79 |
| 合计 Total/ 占比 % | 68/42 | 77/47.5 | 32/19.8 | 54/33.3 | 24/14.8 | 58/35.8 | 31/19.1 | 162/100 |

我国植物园依托活植物收集及其专类园区开展的科学研究成果显著，在植物生理学与生态学、遗传改良与品种培育、植物资源评价、植物多样性保育研究等方面取得了可喜的进展。例如，华南植物园编撰《香港植物志》（英文版）共4卷，收录香港近3 000种有记录的原生、归化及栽培植物，编写规则明确而且统一，描述简练而且实用，文献和标本引证详细而且准确，是我国植物志中的最佳典范，按国际学术界的评论也毫不逊色，甚至被认为是21世纪植物志的典范（马金双和刘全儒，2009）。华南植物园主持的《广东植物志》从1927年开始酝酿，1987年首卷问世，1991年出版第二卷，1995年出版第三卷，历经24年于2011年年底全部十卷志书问世。华南植物园编撰的《澳门植物志》（第一卷，2007；第二卷，2008；第三卷，2009），每个种都配有彩色图片，有的甚至还有不同阶段的多幅彩色图片，这在《中国植物志》的编写历史上从未有过，外来植物多达600种，占总物种数约1 500个分类群的2/5，鉴定难度大（马金双和刘全儒，2009）。南京中山植物园主持开展《江苏植物志》的修订工作，以沿海滩涂为重点开展江苏野生植物调查和标本采集，2013年和2014年分别出版了《江苏植物志》（修订版）第二卷和第三卷。深圳仙湖植物园负责编研的《深圳植物志》共四卷，收录了石松类、蕨类、裸子和被子植物237科、1 252属、2 732种、3亚种、96变种和1变形，另有87个栽培种，种类包括深圳的野生植物、已归化的外来植物，以及深圳常见栽培的园林植物和其他经济植物，每种植物均配有绘制的植物形态解剖图，65%的种类附有彩色照片，第二卷、第三卷和第四卷分别于2010年、2012年和2016年出版发行。广西桂林植物园编辑出版了《广西植物志》第六卷（蕨类）。中国科学院植物园还编撰了《广西特有植物》（第一卷）、《广东苔藓志》、《江西植物志》第三卷、《中国经济植物》上卷、《广西植被》第一卷，2010~2016年间中国科学院植物园出版专著235卷（册），科研条件得到明显改善，在植物基因功能研究、保存和迁地保护原理与技术、植物生理学与生态学、遗传改良与品种培育、能源植物、恢复生态学等方面做出了突出成绩，展示了中国科学院植物园的科技创新能力。

我国植物园不断利用地理区域优势，开展专科、专属与专类植物收集和珍稀濒危植物迁地保护，取得良好进展。例如，华南植物园对热带岛屿和海岸带特有生物资源调查、西双版纳热带植物园西双版纳兰花综合保护研究、武汉植物园水生经济植物莲的收集与种质创新、北京植物园玉簪属和郁金香资源收集评价与种质创新、庐山植物园杜鹃花属资源考察与物种收集和天山中西部野生植物资源调查及资源收集、桂林植物园对金粟兰科和蜘蛛抱蛋属植物的系统演化研究和物种多样性研究、秦岭植物园对秦岭野生报春花栽培和技术研究、仙湖植物园对蕨类植物研究、沈阳树木园对北方城市森林的适宜和优良树种的收集与城市森林生态功能提升关键技术研究与示范、华南植物园珍稀濒危植物的野外回归研究与应用、仙湖植物园德保苏铁回归，等等。为我国特定区域、特殊环境的本土植物收集和珍稀濒危植物迁地保育和拯救探索了积极有效的途径，取得了长足进步。

我国植物园收集迁地栽培植物物种81 417个记录，16万张图片，代表了约21 341个种（含品种），中国迁地栽培植物编目——《中国迁地栽培植物志名录》于2014年出版，收录我国主要植物园迁地保护植物396科3 633属23 340种，分别占我国本土高等植物科的91%属的86%和物种的60%，迁地保护了最新植物红皮书名录中约40%的珍稀濒危植物。《中国迁地保护植物大全》已出版总共13卷中的9卷，收录我国植物园迁地栽培植物311科3 170属16 196种（含种下单元）。项目实施过程中，华南植物园于2012年启动《中国迁地栽培植物志》编撰，获得科技部基础性工作专项的滚动支持，2015年召开了“植物园迁地栽培植物志编撰(2015~2020)”项目启动会，制定了“立足植物园‘同园栽培’条件下活植物物种从个体到群体的实地栽培性状的客观性、用途的适用性、基础数据的服务性”总体方针，并注重活植物生物学信息、物候信息、栽培繁殖信息、用途信息搜集，充分挖掘引种和登录采集信息，规范分类信息，以彩图反映活植物茎、叶、花、果和种子特征。已出版了《中国迁地栽培植物志》木兰科卷和紫金牛卷，并已启动25卷册的编研工作，22个植物园的186位科技工作者和专类园区管理人员参与编撰。“迁地志”项目将促进活植物收集和规范管理、促进疑难物种鉴定、促进迁地保育植物数据共享和植物园层面的交流与合作。

我国植物园不断持续加强本土植物的收集和保护。在中国科学院科技服务网络计划（STS计划）的支持下，西双版纳热带植物园启动了“中国植物园联盟建设”项目，联合院内外植物园，在全国8个地理区域开展的“本土植物全覆盖保护（试点）计划”，探索我国植物物种保护的方法和有效途径，提高植物园保存本土植物的能力。

我国植物园不断探索植物资源收集和国家种质资源库建设。武汉植物园自1980年开始猕猴桃资源调查、收集，目前共收集了58种（含变种和变型），包括金花猕猴桃、大花猕猴桃、河南猕猴桃、桂林猕猴桃、绿果猕猴桃、中越猕猴桃等8个濒危物种中的6个，占世界猕猴桃现有资源总数54种的约80%，同时保育了80余个品种资源和万余杂交后代。我国猕猴桃种质资源库已经成为世界上涵盖量最大、遗传资源最为丰富的种质基因库，为猕猴桃领域的物种资源保育做出了重要贡献，已经成为引领国内外猕猴桃科学研究与产业模式的主导力量，确立了我国在猕猴桃理论研究的国际领先地位。在猕猴桃新种质创制方面，构建了猕猴桃种间高密度遗传连锁图谱，开发了3个性别鉴定标记，用于猕猴桃植株早期性别筛选和分子辅助育种，出版了英文专著《The Genus ACTINIDIA: A World Monograph》。

我国植物园不断坚持珍稀濒危植物的保护。昆明植物园从2004年开始了“极小种群野生植物”的研究与保护实践，2013年极小种群植物研究取得重要进展，孙卫邦研究员主编的《云南省极小种群野生植物保护实践与探索》于2013年出版发行，是我国首部“极小种群野生植物”领域的专著。昆明植物园于1983年从西畴县引种栽培的华盖木，经过近30年迁地栽培，其中一株株高13米的植株于2013年3月14日首次开花，标志着在昆明植物园迁地保育取得了初步成功，对深入开展华盖木等云南典型极小种群植物迁地保护研究及实践具有重要意义。“极小种群野生植物高风险灭绝机制及保护有效性研究”获得国家自然科学基金和云南省联合基金立项资助，“中国西南地区极小种群野生植物调查与种质保存”项目国家科技基础资源调查专项项目立项。该项目是实现我国西南部地区重要物种资源有效保护的重要基础性工作，将有力支撑国家层面的“极小种群野生植物拯救保护工程”的实施，支撑我国西南地区极小种群野生植物有效保护、持续利用的基础理论与关键技术，开展开拓性的综合保护体系研究，服务于国家战略性生物种质资源的保护与利用的科技发展。

我国植物园持续开展外来入侵植物监测和控制。上海辰山植物园外来入侵植物研究取得较好的进展，2014年完成文献数据库构建，共收集到国内外关于中国外来入侵植物的文献3 000余篇，专著10部；已查阅全国各类研究机构、高等院校和博物馆53个标本馆（室），构建标本数据库，收集到外来入侵植物标本信息130 625条；出版《中国入侵植物名录》（2013）、《中国外来入侵植物调研报告（上下卷）》（2014），全面总结我国外来入侵植物，整理出93科449属806种，并首次将中国入侵物种进行危害分级；2014年由辰山植物园主持的《中国外来入侵植物志》项目获得科技部基础专项（B类）资助；经过五年多的基础资料收集和分类鉴定，《中国外来入侵植物彩色图鉴》于2016年正式出版，整理出中国外来入侵植物51科153属254种（含种下单元），以图片为主，展现入侵植物的生境、植株、幼苗、根、茎、叶、花、果实、种子以及部分相似种，并配有入侵植物中文名、学名和识别要点等重要信息，提供了准确的外来入侵植物鉴定依据。

我国植物园不断探索特殊生境植物保护收集。桂林植物园充分利用广西岩溶洞穴植物多样性丰富的优势，建立岩溶洞穴植物保育基地。广西目前已知的岩溶洞穴维管束植物共有489种（含种下单元），隶属于101科268属。2013年实施广西岩溶特有珍稀药用植物生物多样性保育及可持续利用研究，全面开展了广西岩溶特有珍稀药用植物资源调查，建立了5.06 hm$^2$生物多样性迁地保育基地，收集保存了135种广西岩溶特有珍稀药用植物，繁育苗木6.5万株，对广西部分岩溶特有珍稀药用植物进行了组培快繁技术、光合生理生态特性和遗传多样性等研究；利用红外光谱（FTIR）结合现代化学计量学方法，开展了广西美登木、短序十大功劳等植物的真伪鉴别、有效成分快速评价与分析研究。在实地考察以广西为中心的中国岩溶洞穴植物的资源本底以及濒危状况的基础上，通过引种栽培繁育的方式对岩溶洞穴植物进行迁地保护，模拟岩溶洞穴植物的自然生长环境建立了岩溶洞穴植物种质资源保育区，并在广西永福县金钟山利用天然洞穴生境保存、栽培从野外引回的岩溶洞穴植物。2015年，“桂林植物园岩溶植物专类园建设”圆满完成，专类园占地面积4.3 hm$^2$，收集广西及周边岩溶植物种类1 018种，以岩溶植物的收集保存、引种驯化和迁地保育及解濒为主要目的，同时也将成为岩溶植物展示、科普教育、旅游休闲的重要场所。

我国植物园不断坚持科学研究与生产应用结合，探索植物园发展策略。南京中山植物园草坪草研究取得新进展，首次报道了假俭草主要通过根系分泌柠檬酸与根际土壤中的铝离子螯合来减少铝离子进入体内的耐铝机理；利用抗寒性极端材料，开展了结缕草低温胁迫的比较蛋白组学研究，构建了结缕草低温胁迫应答的蛋白质网络；首次构建了假俭草分子标记遗传图谱，并对其重要性状的QTL进行了分析；检测到结缕草属植物与抗寒性相关联标记位点4个，检测到与青绿期相关联的标记位点5个，与抗寒性相关联的标记位点和与青绿期相关联的标记位点无任何重叠现象，抗寒性和青绿期是两个独立遗传的性状。南京中山植物园还于2016年出版了《植物园学》英文版《PHYTOHORTOLOGY》，全面论述了植物园的专业定位、专业内容和发展方向，系统地总结了植物园引种驯化、经济植物、药用植物、环境植物研究的主要成就，全面和实事求是地提出了植物园物种保护的原则和技术以及我国植物园发展的战略等，总结了植物园科普与旅游工作的特殊性和先导性，经营管理上的复杂性和多样性等。

### 3.2 植物评价利用
### Plant evaluation and utilization

本次问卷调查，全面考察了我国植物园在技术和产品研发现状，包括新品种培育、申报及获授权新品种数量、推广园林观赏 / 绿化树种数量、药品 / 物开发数量、开发功能食品数量和果树发掘数量等植物资源应用情况。结果表明，2012~2014年我国植物园培育新品种1 352个，申报新品种494个，获国家授权新品种452个，推广园林观赏 / 绿化树种17 347种次，开发药品 / 药物748个，开发功能食品281个，推广果树653种，植物资源发掘利用成绩显著（表7）。

在植物新品种培育、申报、品种权获得和观赏植物推广方面，中国科学院、林业部门和园林部门植物园居前，其中中国科学院植物园具有明显的优势，中科院植物园培育新品种564个（占41.72%）、申报新品种115个（占23.28%）、获新品种权208个（占46.02%），推广园林观赏植物6 069种次（34.99%）；林业部门植物园培育新品种482个（占35.65%）、申报新品种136个（27.53%）、获新品种权78个（占17.26%），推广园林观赏植物4 212种次（24.28%）；园林部门植物园培育新品种157个（占11.61%）、申报新品种170个（占34.41%）、获新品种权140个(占30.97%),推广园林观赏植物3 937种次(22.7%)。在植物药品（药物）开发方面，林业、园林和医药部门植物园居前，分别是390个（52.14%）、206个（27.54%）和101个（13.5%）。在功能食品开发方面，林业部门植物园明显领先，医药部门植物园次之，分别开发213个（占

75.8%）、30 个（占 10.68%）。在果树品种开发方面，林业、园林和农业部门植物园具有明显优势，中科院植物园次之，分别开发果树 191 个（占 29.25%）、188 个（占 28.79%）、160 个（占 24.5%）和 51 个（占 7.81%）（表 7）。

基于活植物收集的资源评价与发掘利用成为我国植物园发展的特色和新热点。据统计，2010~2016 年间中国科学院植物园授权专利 540 件，年均 77 件；审定或登录新品种 322 个。例如，2012 年国际登录了‘红宝石’‘云之君’‘蓝精灵’和白蝴蝶 4 个兰花新品种，‘中山杉 27 号’‘中山杉 9 号’‘中山杉 405 号’‘中山杉 406 号’等系列新品种通过了省级林木品种认定，从本土抗旱物种柽柳、准噶尔无叶豆以及抗旱藓类植物齿勒赤藓中，获得有独立自主产权的抗旱相关基因 6 个并登录注册。2013 年审定、登录、培育并向社会转化了一批新品种和新种质，包括‘京薰 1 号’‘京薰 2 号’薰衣草和‘黄皱叶’‘黄绿波边’‘绿圆叶’玉簪等系列新品种。2014 年审定、登录的植物新品种包括百合新品种、葡萄新品种、羊草新品种、苦苣苔科植物新品种、木兰科含笑属新品种以及薄荷等系列新品种，功能基因的挖掘和研究工作也同步开展。2015 年培育并向社会转化了一批新品种和新种质，包括萱草属植物新品种、薰衣草新品种等系列新品种等。2016 年野牡丹属植物新品种、中药材新品种和花卉新品种等系列新品种培育并向社会推广了一批新品种，‘钟山神韵’等 6 个荷花新品种参展全国荷花展。

武汉植物园猕猴桃遗传资源的研究和新品种研发处于国际领先地位。在猕猴桃新品种研发和产业化应用上，成功选育和推广了猕猴桃黄肉与红肉系列新品种，如‘金霞’‘金早’‘金桃’‘磨山 4 号’（雄株）等，其中‘金桃’‘金霞’通过国家级品种审定。首个国际种间杂交选育黄肉新品种‘金艳’成为国际上种植面积和产量最大的黄肉品种，栽培面积已占据国外黄肉品种栽培的 50% 以上；‘金桃’在欧洲和南美的智利和乌拉圭获得了国际专利保护，并实现品种繁殖权的国际转让，是我国首例以自主产权专利国际化的农作物新品种，为完善我国农业作物品种与国际惯例接轨提供了可借鉴的案例。面向国家扶贫任务，重点在贵州六盘水、毕节、同时，在湖南花垣以及安徽金寨等国家重点扶贫县市建立产业化示范基地 8 个，累计推广猕猴桃新品种‘金艳’‘东红’等 13 333.3 $hm^2$，带动了猕猴桃产业化和高端化。

表 7　我国植物园和树木园对植物资源发掘利用情况

Table 7　Statistics of utilizationof plant resources in Chinese botanical gardens and arboreta

| | 培育新品种/占比(%) Developing new varieties(%) | 申报新品种/占比(%) New varieties registation(%) | 获授权新品种 / 占比(%) Plant variety rights(%) | 园林观赏植物 ( 种次 )/ 占比 (%) Ornamental plants extended(species times)(%) | 药品 ( 物 ) 开发 / 占比 (%) New drugs or compoundsfrom medical plants (%) | 功能食品植物 / 占比 (%)Functional foods from plants (%) | 果树 / 占比 (%) Fruit crop plants (CVs)(%) |
|---|---|---|---|---|---|---|---|
| 中国科学院 CAS | 564/41.72 | 115/23.28 | 208/46.02 | 6 069/34.99 | 22/2.94 | 11/3.91 | 51/7.81 |
| 教育部门 Educatio Department | 8/0.59 | 3/0.61 | 1/0.22 | 646/3.72 | 0/0 | 15/5.34 | 3/0.46 |
| 住房与建设部门 Housig/Urba-Rural Department | 79/5.84 | 24/4.86 | 15/3.32 | 341/1.97 | 0/0 | 2/0.71 | 14/2.14 |
| 林业部门 Forest Department | 482/ 35.65 | 136/27.53 | 78/17.26 | 4,212/24.28 | 390/52.14 | 213/75.80 | 191/29.25 |
| 园林部门 Ladscape Department | 157/11.61 | 170/34.41 | 140/30.97 | 3,937/22.7 | 206/27.54 | 5/1.78 | 188/28.79 |
| 农业部门 Agricultural Department | 18/1.33 | 10/2.02 | 6/1.33 | 550/3.17 | 0/0 | 0/0 | 160/24.5 |
| 医药部门 Medical/Medicial Department | 31/2.29 | 31/6.28 | 1/0.22 | 302/1.74 | 101/13.5 | 30/10.68 | 21/3.22 |
| 科技部门 Sci-Tech Department | 1/0.07 | 0/0 | 0/0 | 133/0.77 | 19/2.54 | 5/1.78 | 5/0.77 |
| 香港、澳门、台湾 Hong Kong, Macao and Taiwan | 0/0 | 0/0 | 0/0 | 2/0.01 | 0/0 | 0/0 | 0/0 |
| 企业 Eterprises (others) | 12/0.89 | 5/1.01 | 3/0.66 | 1 155/6.66 | 10/1.34 | 0/0 | 20/3.06 |
| 合计 Total | 1352 | 494 | 452 | 17347 | 748 | 281 | 653 |

西双版纳热带植物园的南美经济作物星油藤产业化工作驶入快车道。自 2006 年从南美洲引入西双版纳热带植物园以来，经多年坚持不懈的扩繁、试种，星油藤已成功扎根落户西双版纳，并先后通过了中科院昆明分院组织的成果鉴定和云南省林木品种审定委员会的良种认定，获得林木良种证和 6 项专利，在西双版纳地区进行了多点区域试种和示范种植，建立高产栽培示范基地和推广种植 66.7 $hm^2$，并多次赴老挝北部地区进行考察与合作商谈，已初步确定在老挝北部推广种植。2012 年被列入中科院支撑服务国家战略性新兴产业化项目、云南省西双版纳傣族自治州人民政府“三农”工作重点、西双版纳“党政一把手”工程专项，加大了对产业化的支持力度，标志着星油藤产业化工作驶入快车道。星油藤产业化已列入版纳植物园“一三五”战略规划中三个重大突破之一，预计推广种植将实现产值 5 亿元。

华南植物园继续在水稻育种和兰花遗传资源研发上取得可喜进展。人为调控铁皮石斛（Dendrobium officinale Kimura et Migo）和霍山石斛（Dendrobium huoshanense C.Z.Tang et S.J.Cheng）两个亲本在试管内开花并进行种间杂交，成功获得一批杂交后代种苗。植优 523 （粤审稻 2011014）、中科 1 号铁皮石斛（粤审药 2011001）先后通过了广东省农作物品种审定委员会审定。植优 523 在 2010 年早造生产试验比对照种粤香占增产 10.73%，达极显著水平。4 个兜兰新品种 Paphiopedilum SCBG Xiyang、Paphiopedilum SCBG Sun、Paphiopedilum SCBG Comeliness 和 Paphiopedilum SCBG Xia 在英国皇家园艺协会（Royal Horticultural Society）成功登录，并获得了兰花新品种登记证书。华南植物园和广州市从化鳌头从都园铁皮石斛种植场合作历时 10 年选育的药用石斛新品种“中科从都铁皮石斛”通过了广东省种子管理总站组织的专家现场品种鉴定。

昆明植物园多年来致力于秋海棠属植物的迁地保育与新品种培育的研究，已迁地保育该属植物 460 余种及品种，其中原种 160 多种。首次报道了该属存在种子具有休眠的种类，开展古林箐秋海棠回归自然试验研究，目前培育具有自主知识产权的新品种 27 个，2011 年通过审定和注册登记了‘白云秀’‘灿绿’‘开云’‘黎红毛’‘昂’‘星光’‘银娇’等 7 个秋海棠新品种，并完成了技术转让。

南京中山植物园多年致力于黑莓、蓝莓的研究，自 1986 年从美国引进黑莓以来，先后筛选出‘Hull’‘Chester’‘Young’‘Boysen’‘Triple Crown’等适宜在江苏丘陵地区栽培的黑莓优良品种，选育出了自主知识产权的‘宁植 1 号’黑莓优良新品种，研究适地综合栽培技术及果品加工。在江苏省推广种植黑莓面积达 3 333.3 $hm^2$，实现经济效益 15.85 亿元，黑莓产业在南京溧水实现了“研发 - 生产 - 收购 - 加工 - 销售”一体化，2011 年获得了江苏省农业技术推广二等奖。蓝莓选育与综合栽培技术也取得长足进展，2013 国内首个南方高丛蓝莓新品种“新昕 1 号”选育成功，2013 年 9 月通过江苏省农作物品种审定委员会审定。该品种盛果期平均株产 4.5 kg，比对照‘夏普蓝’增产 50%，果实性状稳定，对江苏省南部高温多湿气候和黏重土壤有较强的适应性，适于在江苏及周边酸性土地区推广。同时，南京中山植物园从 1970 年代以来开展落羽杉属树种杂交育种，是国际上从事该项研究的唯一科研机构，培育了拥有自主知识产权的“中山杉”，于 2010 年获国家林木新品种权。良种推广的配套技术于 2016 年获国家发明专利，为中山杉的大规模繁殖提供技术支撑，分别在重庆万州三峡库区消落带示范造林 13.3 $hm^2$、山东济宁煤炭塌陷区示范造林 19.3 $hm^2$、南京八卦州江滩造林 20 $hm^2$、江苏沿海滩涂地示范造林 16.7 $hm^2$，为今后中山杉在三峡库区消落、煤炭塌陷区、沿海滩涂和长江江滩造林绿化发挥示范作用。

广西桂林植物园“广西喀斯特地区中药材与林木组成的复合种植模式研究与示范”通过验收。该课题在充分评价广西道地药材生物学特性的基础上，率先进行广西喀斯特地区中药材与林木组成的复合种植模式研究与示范，筛选出黄花倒水莲、不出林、短序十大功劳等 12 种适合林下种植的中药材。首次建立了广西喀斯特地区中药材与林木组成的杉树 – 黄花倒水莲、金槐 – 不出林、金槐 – 广西美登木、金槐 – 短序十大功劳、松树 – 金花茶、银杏 – 战骨、杉树 – 灵香草、黄枝油杉 – 走马胎等 8 种复合种植模式。利用 Li-6400 便携式光合测定系统探讨复合种植模式下红根草和广西美登木的光合 – 光响应曲线和光合日变化，为复合种植模式提供理论依据。建立了中药材育苗基地 0.48 $hm^2$、中药材与林木组成的复合种植模式示范基地 3.4 $hm^2$，总结出一整套杉木套种黄花倒水莲、灵香草，以及槐树林下套种不出林栽培技术。研究成果对促进广西林下中药材经济的发展和农民增收具有重要意义。

但是，我国植物园系统开展植物资源发掘利用的植物园比例却并不乐观（表 8）。只有 43 个（26.5%）植物园培育了新品种，35 个（21.6%）申报了新品种，33 个（20.4%）获得了新品种权证，65 个（40.1%）推广了园林观赏 / 绿化树种，25 个（15.4%）开发了药品 / 物，17 个（10.5%）开发了功能食品，39 个（24.1%）推广了果树品种。应鼓励我国植物园加强资源发掘和应用研究，服务于我国生物经济和生态文明建设。

### 3.3 科普与旅游 Public education and tourism

我国植物园已成为优质的旅游景区和重要的旅游目的地，已建成较为系统的科普旅游服务设施，设立了大中小学和公众教育课程，开展了富有植物园特色的科普活动，2012~2014 年接待参观游客人数达 1.6 亿人次，年均 5.2 千万人次，其中青少年人数为 3 千万人次，年均 9.9 百万人次，取得了较好的社会效益。中国科学院植物园具有明显的引领作用，开展了主要的科学和教育活动，涵盖讲座、课程、咨询等公众服务和学生科教服务，2011~2016 年共接待游客 5.5 千万人次，年均约 7.8 百万人次，社会效益显著（数据自中国科学院植物园年报 2011~2016）。

本次问卷调查根据国际现代植物园科普教育设计问卷，全面覆盖了中国植物园游客服务中心 / 科普教育中心、科普解说与标识系统、科普讲座、科普教育小册子 / 活页、导赏游览、永久性科普展览展示、主题 / 专题展览、中小学生教育课程、大学生教育课程、一般公众教育课程和科普教育项目等科普教育项目（表 9）。

结果表明，93 个植物园（57.4%）有游客服务中心 / 科普教育中心，118 个 (72.8%) 具有科普解说与标识系统，89 个（54.9%）举办了科普讲座，66 个（40.7%）印刷了科普教育小册子 / 活页，95 个（58.6%）开展了导赏游览，70 个（43.2%）具有永久性科普展览展示，70 个（43.2%）举办了主题 / 专题展览，42 个（25.9%）设立了中小学生教育课程，46 个（28.4%）设立了大学生教育课程，43 个（26.5%）设立了一般公众教育课程，65 个（40.1%）设立了科普教育项目。

提交调查问卷的 152 个植物园（树木园）近 3 年（2012~2014 年）入园参观游客人数为 1.5 亿人，其中青少年人数为 0.29 亿人，科普志愿者 20 479 人，植物保育志愿者 10 346 人。其中，园林部门、林业部门、中国科学院和住建部门植物园游客人数位列前四，分别是 0.67 亿、0.34 亿、0.19 亿和 0.17 亿人次；园林部门、林业部门、中国科学院和农业部门植物园青少年入园人数居前四，分别是 0.17 亿、0.06 亿、0.03 亿和 0.01 亿人次。

我国植物园科普基础设施不断完善，科普队伍基本健全，充分利用活植物收集和展示优势，精心策划和组织开展了丰富多彩的科普教育和知识传播活动，吸引大量游客进入植物园游览参观，科学传播工作稳步推进，取得了显著的社会效益。中科学院植物园策划开展了六届“名园名花展”。面向大中小学生、社会团体等在全国 26 个城市，桂林植物园、北京植物园、庐山植物园、桂林植物园、南京中山植物园等 30 多家植物园开展“珍稀濒危植物保护科普展”等系列科普活动，受众 5000 余人，上万人次入园参观。华南植物园、北京市植物园、上海植物园、上海辰山植物园、湖南省森林植物园等近 20 家植物园开展夜游植物园、夏令营和冬令营、观鸟节等环境教育活动。南京中山植物园“阆苑秋韵”枫叶文化节、吐鲁番沙漠植物园“沙拐枣 • 桑葚”、辰山植物园国际兰花展与“植物细胞显微观察实验”、北京植物园“走近转基因”、华西亚高山植物园“走进横断山、

表 8　中国植物园植物资源与利用概况

Table 8　Data of plant evaluation and utilization in Chinese botanical gardens

| | 植物园数量 Numbers of botanical gardens | 比例 Percentage（%） |
|---|---|---|
| 培育新品种 Developing new varieties | 43 | 26.5 |
| 申报新品种 New varieties registration | 35 | 21.6 |
| 获授权新品种 Plant variety rights | 33 | 20.4 |
| 推广园林观赏 / 绿化 Ornamental plants extended | 65 | 40.1 |
| 药品 ( 物 ) 开发 New drugs and compounds from medicinal plants | 25 | 15.4 |
| 开发功能食品 Functional foods from plants | 17 | 10.5 |
| 果树 Fruit crop plants (CVs) | 39 | 24.1 |

表 9　中国植物园的科普教育概况

Table 9　Data of publiceducation in Chinese botanical gardens

| | 植物园（树木园）数量 Numbers of botanical gardens | 比例 Percentage（%） |
|---|---|---|
| 游客服务中心 / 科普教育中心 Visitor center/ Education center | 93 | 57.4 |
| 科普解说与标识 Interpretation and signage | 118 | 72.8 |
| 科普讲座 Lectures | 89 | 54.9 |
| 科普教育小册子 / 活页 Education pamphlets/ binders | 66 | 40.7 |
| 导赏游览 Guided tours | 95 | 58.6 |
| 永久性科普展览展示 Permanent science exhibitions | 70 | 43.2 |
| 专题 / 主题展览 Themed exhibitions | 70 | 43.2 |
| 中小学生教育课程 School education | 42 | 25.9 |
| 大学生教育课程 College education | 46 | 28.4 |
| 一般公众教育课程 Public education | 43 | 26.5 |
| 科普教育项目 Education preogrammes | 65 | 40.1 |

发现杜鹃花”等特色科普活动成效非常显著。

阳春三月到华南植物园观赏禾雀花已成为广州市民的赏花习惯。华南植物园利用丰富的活植物收集，在每年元旦、春节、五一、六一和国庆节举办应节专题花展，同时在不同季节开展应季时令开花植物观赏，举办了山茶花展、木兰花展、禾雀花展、五一时令花展、杜鹃花展、姜目植物展、景天植物展、簕杜鹃展等专题花展。同时为反映科学研究成果，华南植物园与媒体合作开展高端科技成果传播。例如，与中央电视台联合摄制的《追踪植物的红娘》三集科普纪录片于 2014 年 1 月在中央电视台《科技苑》栏目播出，以国内外传粉生物学领域的最新研究成果为基础，记录了王莲、梭果玉蕊、山姜属和榕属等多种植物的开花全过程及其有趣的生物学现象，追踪了昆虫为其传粉的详细途径。《追踪植物的红娘》获 2014 中国（青海）世界山地纪录片节自然类最佳摄影提名奖。

西双版纳热带植物园于 2014 年和 2015 年开展“自然之兰”野生兰花展，展出了版纳植物园收集保存的兰科植物约 4 万株 100 余种。2017 年傣族泼水节期间，以“自然之兰——大自然的馈赠”为主题，开展了主题展、邀请展、“达尔文的兰花”科学展和笔墨兰韵展构成的“自然之兰”野生兰展，展出 200 多种上万株热带兰科植物，是集保护、园艺、科学和艺术为一身的热带兰科植物多样性展览。兰花展示、斗兰赛、布展奖评选、兰花进村寨和兰花回归等系列活动精彩纷呈，其中兰花进村寨和兰花回归活动成为本届兰展的亮点。版纳植物园向周边村寨的 70 户村民代表赠送了培育的兰苗，向村民提供兰花养护栽培管理知识的培训，不断强化村民养兰、爱兰、护兰的实际保护行动，增加村民收入，打造“傣兰之香”美丽乡村。

武汉植物园自 2009 年起每年秋天举办菊花文化节，展出菊花 300 多种 1 万多株，展示各种瓣型和多种色彩的菊花，‘绿牡丹’‘墨荷’‘十丈珠帘’‘绿衣红裳’‘帅旗’五大传统名菊继续引领风骚，‘绿衣红裳’‘藕粉托桂’‘黄麒麟’‘赤线金珠’‘五色芙蓉’等名品菊花诠释菊花多样的美。菊文化节期间，还开展一系列丰富多彩的活动，围绕菊花的食用价值，推出了“舌尖上的菊香”盛大饮食主题活动；“悠然亭”和“茗家茶苑”被装扮成中国风小亭，在诗词歌赋中让菊花活色生香。同时结合丰富的科技资源，推出专家讲坛，推广菊花的养生常识，让游客感受菊花的韵味，穿梭菊花的历史，体验菊花深厚的文化内涵。武汉植物园还提出了“全民办菊展”的概念，举办了斗菊擂台赛，走进全市社区免费分发菊花苗，邀请市民再将菊花送到植物园参展，共同展示菊花独特的魅力。菊花节已经成为武汉市民国庆出游的一道亮丽的风景线，不仅具有非常强的观赏性，同时对市民传播菊花文化知识具有重要意义。

昆明植物园利用山茶科活植物收集和展示优势，开展山茶花展。昆明植物园山茶园始建于 1950 年，占地面积 4.4 $hm^2$，是中国的第一个茶花专类园，定植各类茶花 5 037 株，680 个分类群，园内栽种的大部分云南山茶均有 70 多年树龄。2012 年昆明植物园山茶花展系列科普活动以昆明市花“云南山茶花”为主体，开展了“山茶文化与综合利用”展、“花朵展”、民族服饰展、书法、绘画艺术展等，通过科普游园、茶花知识论坛、种植山茶纪念树等互动交流，中央电视台等 7 家电视台 11 次新闻报道、春城晚报等 6 家报纸及中国新闻网等 20 家网络媒体作了 30 多次跟踪报道。

北京植物园通过 20 多年的不懈努力，在牡丹花期调控、花色生理、抗性育种等方面都处于国内领先地位，收集保存了上千个牡丹和芍药品种，是国内保存牡丹和芍药种质资源最丰富的植物园之一。2014 年举办了牡丹科技文化节，展览围绕“七彩牡丹之约 • 科技走近生活”主题，展出了 200 多个不同花色、花型的牡丹品种，主要内容包括“王者之约”牡丹品种资源展，“国色天香”牡丹文化艺术展，“科技之光”历史与牡丹科技成果展以及“多彩生活”主题科普互动活动四个部分。展览期间展示了珍贵的牡丹资源和丰富的牡丹知识，并特别推出了“传统插花非物质文化传承人”专场及台湾“押花艺术作品展”，“牡丹石”“牡丹瓷”等文化艺术品。展览共吸引 10 万余游客入园参观，全国多家主流媒体进行报道，社会反响强烈。

### 3.4 问题与展望 Challanges and prospects

西方意义的现代植物园具有近 500 年的发展历史（Hill, 1915）。如果回溯至 1317~1320 年在意大利萨勒诺最古老大学里建立的公众医药植物园（Giardino de la Minerva）、1277~1278 年教皇 Nicholas III 建于罗马的药用植物园以及中世纪的威尼斯的 500 多个植物园（Heywood, 2015），植物园的起源及其对于人类认识和驯化利用植物资源发挥了不可磨灭的巨大作用（黄宏文，2017）。

现代植物园始于欧洲大学药用植物园时期（Heywood，1987），中世纪修道院花园和草药园被普遍视为现代植物园的前身，与古代园林在一定形式上存在不可分割的联系（Hill, 1915）。Heywood（1987）将现代植物园划分为早期大学药用植物园、欧洲经典模式植物园、热带植物园、市政植物园和特殊类型植物园等模式，由此可以窥视植物园的起源、发展历程 / 模式与功能变迁（图 6）。现代植物园从 16~17 世纪搜集、识别和利用药用植物与促进植物分类发展，过渡到欧洲经典植物园、殖民地热带植物园及后来的综合类型的科学植物园等经历 500 余年的演变。1759 年英国皇家植物园邱园的建立，尤其是 1842 年邱园转变为国家植物园成为植物学研究中心，建立了植物园整合研究、展示和教育功能的研究机构模式（Raven，2006），开启了现代植物园经典欧洲模式植物园；19~20 世纪现代植物园在植物引种驯化中的作用则从包括农林植物引种驯化的高度综合功能趋向农作物近缘植物、园艺植物、药物植物以及本土植物资源收集保存，植物引种驯化则更趋向专业化、建制化、科学化和网络化特征，由此建立了特殊类型的植物园。与此同时，随着人们物质和文化发展需求，注重植物观赏价值和公众休闲需求的市政植物园应运而生。只是到了 20 世纪 70 年代，尤其是 80 年代，受威胁的珍稀濒危植物的收集保存，及至 1990 年代保护植物多样性成为现代植物园的重要议题和综合功能，公众环境意识逐步成为植物园的重要议题，植物园迈入科学植物园时代。

中国可能是植物园概念的真正创建者（Hill, 1915）。最早的植物园雏形可追溯到夏朝（公元前2100~1600 年），甚至更早的神农本草园（约公元前2800 年）（Xu, 1997），以药用植物的收集利用为目的。中国神农收集食用、药用植物，栽培教民无疑是原始植物园的开始（廖日京，1999）。上林苑种植植物繁多，初修时植名果异树 2 000 余种，是秦汉时期建筑宫苑的典型（郦芷若和陈兆玲，1982；汪国权和胡宗刚，1993），是具有植物园性质的皇家园林。宋代司马光（1019~1089）的独乐园则是草药园，是原始形态的植物园或植物园的雏形（汪国权和胡宗刚，1993；贺善安等，2005），但西方科学意义上的中国现代植物园却始于近代。我国建立的第一个现代植物园是 1871 年开放的香港动植物公园，以动植物展示为主。从此至1950 年的 78 年间，我国早期现代植物园的建立无不留下殖民地时期的烙印（黄宏文和张征，2012），如香港动植物公园（1871）、台北植物园（1895）、恒春热带植物园（1906）、嘉义植物园（1908）、熊岳树木园（1915）等均是现存殖民地时期建立的植物园和树木园。中国人自己建立的现代植物园或以教学为目的，如浙江大学植物园（1928）等（黄宏文和张征，2012），或以植物资源调查和研究为目的。我国林学家最早关注植物园建设对教学和植物科学研究的重要性，如 1915 年时任江苏省甲种农业学校校长陈嵘教授在南京创办了一座教学性质的树木园，1928 年钟观光在杭州市笕桥为第三中山大学劳农学院创办了“笕桥植物园”，1929 年由林学家傅焕光创建“中山陵园纪念植物园”（又名“南京总理陵园植物园”）；1934 年胡先骕主持的静生生物调查所与江西农业院在江西庐山合办了“庐山森林植物园”，目的是开展植物学研究与应用植物学研究（汪国权，1985，1986，1991；汪国权和胡宗刚，1993）。

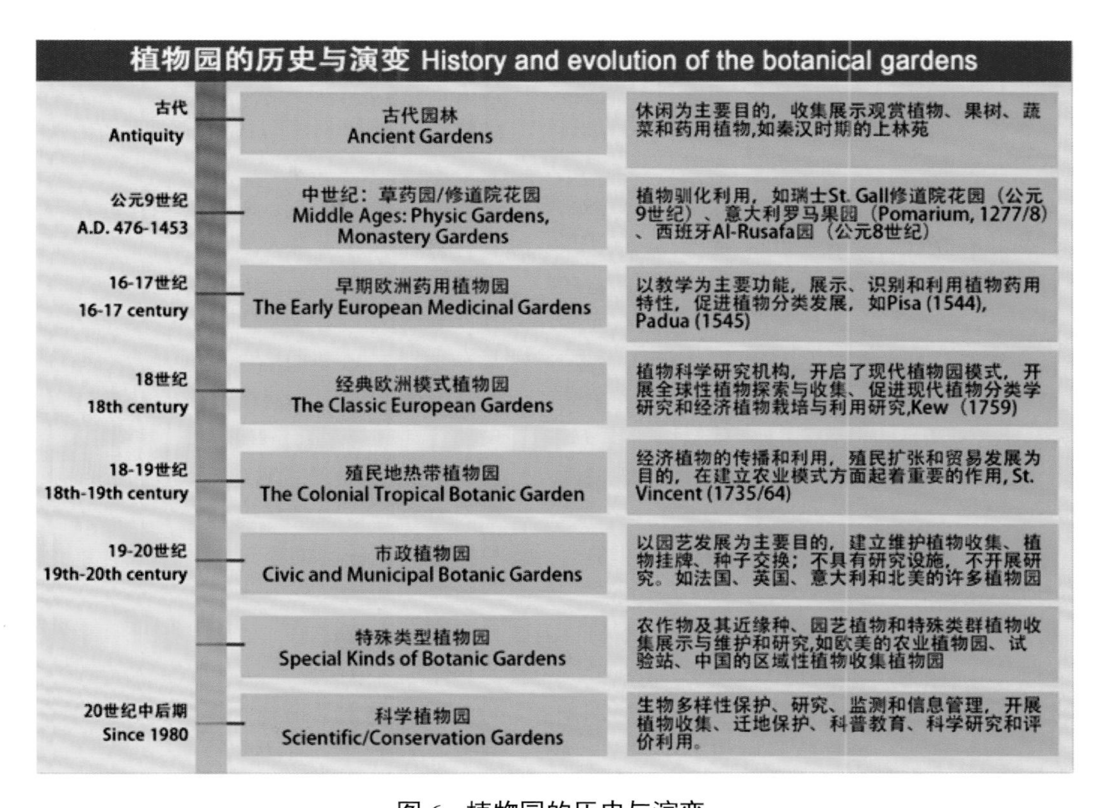


图 6　植物园的历史与演变

Fig.6　History and evolution of the botanical gardens

我国植物学家、植物园专家和植物学界一直重视我国植物园的发展（俞德浚，1951，1954，1959，1983；陈封怀，1965；Sheng，1980；俞德浚和盛诚桂，1983；盛诚桂和俞德浚，1984；He, 2002；许再富，1998；黄宏文和段子渊，2005，2006；贺善安等，2005；贺善安，2007，2012；许再富等，2008），努力开创和探索中国植物园的建设、发展和管理，对我国植物收集、驯化利用、科学研究都发挥了指导作用并促进各项工作取得了长足的进步。然而，我国植物园仍然存在一些亟待解决的问题。从客观的、历史的轨迹来看，我国与国际现代植物园近500 年发展历史比，我国现代意义上的植物园历史短，仅有 100 多年的历史，中国人自主建设植物园仅始于 1915 年，大规模自主建设的现代植物园仅始于 1950 年。以史为鉴、展望未来，我国植物园具有巨大发展机遇也面临众多挑战。

（1）**我国植物园缺乏国家层面的整体规划部署和植物园建设管理规范，植物园管理存在泛公园化现象**。由于缺乏统一的科学规划和园际协调机制，导致重要地区和极端生境植物园欠缺、相似环境地区植物园重复建设；我国不少植物园，尤其是新建的植物园缺乏植物引种保育设施，甚至出现人员队伍不健全。从调查问卷回收可看出，仅有 84 个植物园具有官方网站，有 30 个植物园缺乏联系方式或与植物园界失去联系，有37个植物园因为缺乏基本信息而交不回问卷。不少植物园对其使命、任务和主要工作内容概念不清，缺乏基本的相关知识，植物园基础信息不完整，园林建设和园艺展示与植物园管理泛公园化。我国植物园目前仍在快速建设，例如，调查中发现，福建省将在每个地级市新建植物园，由福建省住建部门统筹建设，目前在建或拟建的植物园有泉州海西植物园、龙岩植物园、宁德植物园和漳州植物园等。尽快开展国家、省级层面的植物园建设整体规划部署、建立植物园建设和管理规范已势在必行。

**（2）我国植物园活植物收集和迁地保育管理明显不足。**目前仅有102个植物园开展了野外考察和植物引种，仅占我国植物园总数的53.4%；42个植物园开展了植物繁殖（22%）；61个植物园开展了物候观测（31.9%），49个植物园开展了种子交换（25.7%），34个植物园开展了入侵生物监控（17.8%），69个植物园（36.1%）印制了《栽培植物名录》，36个植物园（22.2%）编辑有《种子交换名录》。我国植物园有约6%的本土物种和12%的国外物种未得到鉴定，迁地保护基础生物学数据、物候观测数据、栽培管理数据、资源评价数据等的收集和数字信息远远跟不上我国迁地保护快速发展需求。导致我国本土植物和特有植物与珍稀濒危植物迁地保护效率低下，降低了植物园野生植物收集及其居群迁地保护的科学意义和应用价值，有计划的资源性收集利用针对性差，对未来生物经济发展和国家经济社会支撑作用降低。制定适合我国植物园的植物引种收集和迁地保护规范已成当务之急，急需规范、统一我国迁地保护植物的引种收集、登录、繁殖、定植、鉴定查证、物候观测和监测评估，持续开展我国本土植物，尤其是我国本土和特有植物、珍稀濒危植物、药用植物和其他经济植物的收集保护，服务于植物资源的保护、可持续利用和对国家经济社会发展与生物产业升级的基础支撑作用。

**（3）我国植物园活植物登录管理和信息记录未得到充分重视。**我国植物园从20世纪60年代就开始对活植物信息管理予以关注（俞德浚等，1965），但在活植物收集标准化、统一性、持久性上远未达到应有的水平。对植物引种和登录的信息管理重视不够，仅有48.1%的植物园（78个）有引种记录、30.2%的植物园（49个）有植物登录记录本。对植物定植、繁殖和物候观测资料的积累和长期保存不够，仅有53个植物园（32.7%）有植物定植记录、42个植物园（25.9%）有植物繁殖记录、61个植物园（37.7%）有物候记录，活植物信息记录严重不足。目前仅41个植物园（25.3%）有计算机化植物记录系统，植物园活植物信息化管理水平低。由此导致我国植物园科学数据保存与信息共享严重滞后，未形成长期、稳定、高效的植物迁地保护的国家基础信息体系。我国植物园应立足我国植物园迁地保育植物及档案信息和科学数据的全面整理，收集我国迁地保育活植物的生物学性状和物候学、引种登录信息、栽培繁殖、病虫害和资源利用等信息，建立我国植物迁地保育综合信息平台，促进活植物信息管理和植物迁地保护基础管理。

**（4）基于活植物收集的科学研究不足，植物资源应用有待加强。**我国植物园在植物资源发掘利用成绩显著，培育了1514个新品种，获国家授权新品种502个，推广了大量园林观赏/绿化树种，但在基于活植物收集的科学研究还存在较大问题。例如，分类学研究是现代植物园最为基础的研究，但我国仅有68个、74个和34个植物园开展了植物分类学、园艺学以及入侵生物监控研究，仅占我国现有植物园总数的42%、45.7%和21%；仅43个、35个和33个植物园培育新品种、申报新品种和获得新品种授权，分别占我国植物园总数的26.5%、21.6%和20.4%，未能从整体上发挥对我国生物产业发展、资源保护和可持续利用的基础作用和支撑作用，急需加强基于活植物收集的科学研究和资源评价，加强迁地栽培植物编目与鉴定、物候观测、新品种和优良种质筛选以及基于活植物收集的专著研究，促进迁地保护工作和资源开发应用。

**（5）公众教育与知识传播多停留于宣传层面，急需构建和实施与国际接轨的教育课程体系。**我国植物园已成为优质的旅游景区和重要的旅游目的地，已建成较为系统的科普旅游服务设施，年接待参观游客人数达51 860 768人次，开展了主要的科学和教育活动，涵盖讲座、课程、咨询等公众服务和学生科教服务。但许多植物园将科普教育与旅游混为一谈，科普教育仅停留于科普宣传层面，尚未建立与国际接轨的规范化、常规化的教育课程体系，未能满足公众和青少年科学教育需求。我国植物园应基于植物园活植物收集，充分发掘科普教育资源，构建科普教育课程体系，加强科普课程教育的能力培训，持续建立和稳定科普教育人才队伍，建立适合我国国情的科普人才培养和职称晋升的长效体制和灵活机制，激励科普工作者的积极性，提升我国植物园公众教育与知识传播总体水平。

# 参考文献 References


陈封怀 .1965. 关于植物引种驯化问题 [J]. 植物引种驯化集刊第一集 : 7-13.

傅立国 .1992. 中国植物红皮书：珍稀濒危植物 [M]. 北京 : 科学出版社 .

贺善安，张佐双和顾姻等 .2005. 植物园学 [M]. 北京：中国农业出版社 .

贺善安 .2007. 植物园：浓缩植物精华 [J]. 森林与人类 , (4): 32-45.

贺善安 .2012. 植物园的科学意义 [J]. 科学 , (2): 36-39.

胡启明 ( 译 ),EH 威尔逊 2015. 中国——园林之母 [M]. 广州 : 广东科技出版社 .

黄宏文 , 段子渊 . 2005. 全球植物保护战略及 21 世纪初中国植物园的科学研究思考 [J]. 中国植物园通讯，1（1）：20-35.

黄宏文 .2014. 中国迁地栽培植物志名录 [M]. 北京 : 科学出版社

黄宏文，段子渊 2006. 二十一世纪初中国植物园的科学研究思考 [J]. BGjournal 3(2: 东亚植物园特刊 , 中、英、俄、日、韩 ):2-3.

黄宏文 .2017. 植物迁地保护原理与实践 [M]. 北京 : 科学出版社 [J].

黄宏文，张征 . 中国植物引种栽培及迁地保护的现状与展望 [J]. 生物多样性 .2012, 20(5): 559-571

金鸿志 .1964. 第一届植物引种驯化学术会议 [J]. 植物学报，12(4): 385-386.

郦芷若和陈兆玲 .1982. 植物园规划设计中几个问题的探讨 [J]. 北京林学院学报 (2): 66-77.

廖日京 .1999. 植物园 [M]. 台北 : 台湾大学森林学系 .

马金双，刘全儒 . 2009.《香港植物志》和《澳门植物志》[J]. 广西植物 ,29(4): 568.

任海，简曙光，刘红晓，等 . 2014. 珍稀濒危植物的野外回归研究进展 [J]. 中国科学 : 生命科学，44(3):230-237.

任海，简曙光，张倩媚，等 .2017. 迁地保育植物的回归 . 黄宏文 ( 主编 ). 植物迁地保护原理与实践 [M]. 北京 : 科学出版社 .

单敖根，郑龙海和唐银娣 .2008. 中国近代史上第一个植物园的创建 [J]. 浙江档案 (7): 58-59.

盛诚桂，俞德浚 .1984. 植物的引种驯化 [J]. 植物杂志 (2): 2-4.

汪国权 .1985. 中国植物园的由来和发展。中国科技史料：6（4）：10-17.

汪国权 .1986. 绿涛深处的记忆——记庐山植物园的诞生 [J]. 中国园林 (3): 31-36.

汪国权 .1991. 中国现存植物园哪座建立最早 [J]. 植物杂志 (4): 42-43.

威尔逊 .E.H. 2014. 中国——园林之母 [M]. 胡启明译 . 广州：广东科技出版社 .

汪松，解炎 . 2004. 中国物种红色名录（第一卷）[M]. 北京：高等教育出版社 .

汪国权和胡宗刚 .1993. 中国植物园的由来、出现和发展 [J]. 古今农业，(3)：29~35.

心岱 .2004. 台湾植物园 [M]. 新北市 : 远足文化事业股份有限公司 .

许再富，黄加元，胡华斌，等 .2008. 我国近 30 年来植物迁地保护及其研究的综述 [J]. 广西植物，28(6)：764-774.

许再富 .1998. 稀有濒危植物迁地保护的原理与方法 [M]. 昆明：云南科技出版社 .

杨涤清 .1994. 庐山植物园六十年 [J]. 植物杂志 (4): 6-8.

俞德浚，周多俊，刘克辉，等 .1965. 植物园原始材料圃建立系统管理制度的商榷 [J]. 植物引种驯化集刊 , 第一集 :169-178.

俞德浚 .1951. 世界各國植物園概况 [J]. 科学通报 2(3)：280-286.

俞德浚 .1954. 介紹中國科學院植物研究所的三個植物園 [J]. 科学通报 (3)：80-84.

俞德浚 .1959. 十年来我国植物园事业的发展 [J]. 生物学通报 (10)：449-455.

俞德浚 .1983. 中国植物园 [M]. 北京：科学出版社 .

俞德浚和盛诚桂 .1983. 中国植物引种驯化五十年 [J]. 植物引种驯化集刊，第 3 集：3-10.

Costa, M. L. M. N. d.; M. Maunder; T. S. Pereira and A. L. Peixoto. 2016. Brazilian Botanic Gardens: an assessment of conservation Capacity. SIBBALDIA: The Journal of Botanic Garden Horticulture No. 14: 97-117.

He S. 2002. Fifty Years of Botanical Gardens in China. Acta Botanica Sinica, 44(9): 1123-1133.

Heywood V. H. 1987. The changing role of the botanic garden. In Bramwell, D., Hamann, O., Heywood, V. and Synge, H. (eds.), Botanic Gardens and the World Conservation Strategy, pp. 3–18. Academic Press, London.

Heywood V.H. 2015. Mediterranean botanic gardens and the introduction and conservation of plant diversity. Fl. Medit. 25(Special Issue): 103-114.

Hill A. W. 1915. The History and Functions of Botanic Gardens. Annals of the Missouri Botanical Garden, 2, 185-240.

Huang, H. W. 2011. Plant diversity and conservation in China: planning a strategic bioresource for a sustainable future. Botanical Journal of the Linnean Society, 166, 282-300

Mounce, R.; P. Smith and S. Brockington. 2017. Ex situ conservation of plant diversity in the world’s botanic gardens. Nature Plants 3: 795-802.

Raven, P. H. 2006. Research in Botanical Gardens. Public Garden 21(1): 16-17.

Ren H, Zhang Q M, Lu H F, Liu H, Guo Q, Wang J, Jian S, Bao H. 2012. Wild plant species with extremely small populations require conservation and reintroduction in China. Ambio, 41: 913-917.